ハーバード・スタンフォード流
批判性思维

「自分で考える力」が身につく2つの問題

AI无法替代人类的能力

[日]狩野未希 著
左俊楠 译

人民东方出版传媒
People's Oriental Publishing & Media
东方出版社
The Oriental Press

图书在版编目（CIP）数据

批判性思维：AI 无法替代人类的能力 /（日）狩野未希 著；左俊楠 译 . — 北京：东方出版社，2023.1
ISBN 978-7-5207-3000-6

Ⅰ. ①批…　Ⅱ. ①狩… ②左…　Ⅲ. ①思维方法—研究　Ⅳ. ① B804

中国版本图书馆 CIP 数据核字（2022）第 183366 号

HARVARD · STANFORD RYU "JIBUN DE KANGAERU CHIKARA" GA MINITSUKU HENNA MONDAI by Miki Kano
Copyright © Miki Kano 2019
All rights reserved.
Original Japanese edition published in 2019 by SB Creative Corp.

This Simplified Chinese edition is published by arrangement with SB Creative Corp.,
Tokyo in care of Tuttle-Mori Agency, Inc., Tokyo
through Hanhe International (HK) Co., Ltd.

批判性思维：AI 无法替代人类的能力
(PIPANXING SIWEI: AI WUFA TIDAI RENLEI DE NENGLI)

作　　者	[日] 狩野未希
译　　者	左俊楠
责任编辑	王夕月
出　　版	东方出版社
发　　行	人民东方出版传媒有限公司
地　　址	北京市东城区朝阳门内大街 166 号
邮　　编	100010
印　　刷	北京明恒达印务有限公司
版　　次	2023 年 1 月第 1 版
印　　次	2023 年 1 月第 1 次印刷
开　　本	880 毫米 ×1230 毫米　1/32
印　　张	5.75
字　　数	100 千字
书　　号	ISBN 978-7-5207-3000-6
定　　价	56.00 元
发行电话	（010）85924663　85924644　85924641

版权所有，违者必究

如有印装质量问题，我社负责调换，请拨打电话：（010）85924602　85924603

目录

前言 / 001

序章
热身训练

认识逻辑思考 / 003

【问题】"今日享双倍积分"广告牌提供了什么信息
【问题】"米老鼠深受欢迎"是事实,还是意见?
【问题】明明是星期一,却没有摆出"今日享双倍积分"广告牌。究竟发生了什么?

第1章
独立思考的基础——观察·思考·提问

锻炼"思考能力"的基础 / 015

【问题】观察画作《心弦》,你发现了什么?
【问题】日本人是否应该学习英语?请给出你的答案和依据

第 2 章

发现规则的能力——训练创造力

一、发现规则　/033

【问题】便利店的跳绳、便当和兼职招聘广告，它们说明了什么？

二、锻炼归纳能力　/046

【问题】列举出迄今为止人生中"最失败的 3 件事"，是什么原因导致了失败呢？

三、锻炼发现规则并有效表达的能力　/050

【问题】以"然后，今天也吃了 Garigarikun"为结尾，写一篇 400 字以内的文章

第 3 章

找到本质——解决复杂问题

一、有效的提问　/061

【问题】首次看诊的医生是否靠谱呢？若只用一个问题来考察，该问什么？

二、找到复杂问题的本质　/085

【问题】面对一团乱麻的情况，如何只提一个问题就让事情变得清晰？

第 4 章

发现无懈可击的"依据"——锻炼批判性思维

一、培养依据力（1） /091

【问题】歌德所言的依据是什么？

二、培养依据力（2） /097

【问题】《灌篮高手》台词的依据是什么？

三、从目标中发现依据 /103

【问题】请想出一个合理的不去开会的理由

第 5 章

培养语言表达能力——了解你的语言

一、检测语言能力 /111

【问题】请将表情符号转换成语言表达出来

二、以词汇的意义为突破口 /118

【问题】如何利用 5 个不同颜色的橡皮筋创造出最大的价值？

三、从有限的资源中产生新奇创意 /129

【问题】如何只用 500 日元的经费，在 1 个星期内获得至高无上的快乐？

第 6 章

怀疑常识，避免"自以为是"——保持灵活性

一、怀疑常识 /135

【问题】请尽可能地列举出"睡觉是工作内容"的职业

二、把最差的方案变成最好的方案 /144

【问题】"碳酸饮料必须被摇晃着甩出来的自动售货机""婴儿信用卡"，请将它们变成出色的商业策划

三、简单的儿童故事，你真的读明白了吗？ /155

结束语 /164

前言

"优秀"的定义即将发生改变

首先,请各位读者阅读以下排行榜。

被认为最有必要掌握的十大技能排行榜

【2020年】	【2015年】
1 解决复杂问题的能力	1 解决复杂问题的能力
2 批判性思维	2 人际关系协调能力
3 创造能力	3 管理能力
4 管理能力	4 批判性思维
5 人际关系协调能力	5 沟通谈判能力
6 情商	6 产品质量管理
7 判断·决策能力	7 服务导向能力
8 服务导向能力	8 判断·决策能力
9 沟通谈判能力	9 积极倾听
10 认知灵活性	10 创造能力

翻译自世界经济论坛的《未来工作报告》(*Future of Jobs Report*, World Economic Forum)

批判性思维

因达沃斯会议而闻名遐迩的世界经济论坛过去曾经做过一项预测,就是2015年/2020年公认的最需要掌握的十大技能。无论在哪个年份,排在首位的都是"解决复杂问题的能力",除此以外,其他的排行都发生了变化。荣登2020年排行榜第二位的"批判性思维"在2015年排在第四位,由第四上升到第二;占据2020年排行榜第三位的"创造能力"在2015年仅排在第十位,5年后排名突飞猛进。"情商"(察觉自己和他人的感情,控制自身情感的能力)和"认知灵活性"在2015年并未进入排行榜前十位,2020年却排进了前十。

排名第一的是解决复杂问题的能力,"复杂"是它的关键与核心。解决问题的能力不可或缺,这已成为理所当然的事,而在2015年后,市场需要的是能够解决"复杂"问题的人才。世事纷杂,技术改革、行业重组、环境变化等问题也将变得越发复杂。正因如此,我认为排在首位的才会是"解决复杂问题的能力"。

而且,为了解决复杂问题,认知的灵活性、创造能力也变得尤为重要。该问题的本质是什么,这个问题与其他什么问题有关联?如果没有灵活的认知能力,问题就无法得到解决。此外,在变化发展日新月异的社会中,创造力能够催生出新的解决对策、服务种类和思考方式,这同样也是不可缺少的技能。灵活看待事物的方法以及创造性在第一章以后会详细探讨。"创造能力"将在2021年成为PISA（国际学生评估项目，由经济合作与发展组织实施的一项国际学习程度调查）的评价基准之一，预计会获得更高的关注度。

占据2020年排行榜第二位的是批判性思维。在欧洲，它排在阅读能力、写作能力、珠心算的后面，位居第四，而本书的基本论题正是批判性思维。它也被称为"批判性思考"，其本质就是"用自己的脑袋独立思考，得到属于自己的答案"。还有一种叫"逻辑+想象力"的思考方法，是指通过逻辑推理条理分明地进行思考，再充分发挥想象力加强思维的深度，由此得出具有个人特色的答案。笔者认为这才是新时代要求我们所具备的技能。

未来必备技能的设想蓝图在5年内发生如此巨变，背后存在着人工智能的影响。

我们身边已经出现了各种各样的人工智能，比如能与人进行对话的语音助手以及扫地机器人等，技术开发更加进步的话，在不久的将来，人工智能将被正式用于商界。也有人声称人工智能早晚会把大约一半的工作从人类手中夺走。

在人工智能到处可见的环境中，人类还能做些什么呢？能把人类和人工智能区别开来的那些"只有人才能做到的事情"究竟是什么呢？——2020 年的"最有必要掌握的十大技能排行榜"就是针对该问题的回答。那个排行实际就是"只有人类才能掌握的十大技能排行榜"，甚至能让人从中感受到一种魄力，即人类想要奋力展示生而为人的志气与骄傲，新登排行榜第六位的"情商"正是其写照。

"只有人类才能做到的事情"是什么

那么，当下乃至未来我们到底该掌握什么样的技能才好呢？

从结论上讲，"只有人类拥有的"技能和"只有自己"能胜任的事，这两点至关重要。把机器擅长的工作交给机器，人类就全神贯注地专攻自己擅长的领域。要是不这样做的话，真的会被机器取代并剥夺我们的工作机会。而且，我认为最好不要执着于那些会很容易被模仿、复制的技能。因为别人能够轻易模仿的事物，人工智能也同样能够模仿。

从前，曾有一个关于"不容易被计算机取代的工作是什么"的研究成为当时的热点话题。

所研究的 702 种职业当中，最有可能被计算机取代的工作之一便是"电话导购"①。只按照商品指南在电话里推销的话,这份工作确实很容易被其他人或人工智能取代。但是,如果你的推销具备其他附加价值,能让顾客觉得"因为是这位销售,我才想买下它"的话,即便电话导购这个职业不复存在了,这种能成功说服别人的本事也会在其他方面得到发挥。只有自己才能创造出的价值是什么呢?如何能够使这种价值孕育而生呢?我们有必要竭尽全力去思考这些问题。

在日本,尤其是第二次世界大战结束以后,存在这样一种倾向,即重视所谓的"正确主义"。"正确主义"的观点认为:无论什么问题,其中一定存在正确答案。不仅是学校,社会和商界都相信世间存在一套"标准答案"。人们一直以来都认为毫无偏差地命中"正确答案"就是好的,也认为那些与众人保持一致的人是"优秀"的。

然而,时代变了。如果总是给出与众人相同的答案,就会遭到人工智能的取代。只有那些不会被任何事物所取代、提有创意答案的人才会被称为"优秀的人",这样的时代已经来临。

---

① Carl Benedikt Frey and Michael A. Osborne, "The Future of Employment: How Susceptible Are Jobs to Computerisation?", *Techological Forcasting and Social Change*, Volume 114, pp.254–280.

批判性思维

　　本书是为锻炼"独立思考能力"所著的作品，这种能力要求人们能够提出原创性的见解。笔者常年在大学等地从事批判性思维的教学工作，学生们如何才能形成自己独到的见解呢，我一直在与这个问题进行着较量、角逐。本来日本的学校教育就几乎不教学生如何"思考"；怎样做才能把"思考"这件事有效地教给学生们呢？执教之初，我通过广泛阅读，到处搜集相关资料。那时正好遇到了几所世界一流大学的教育项目和为了拓展创意思维而开设的课程。我一边享受着思考这一行为带来的乐趣，一边扎扎实实地磨炼着自己的技能，不禁震惊于世上居然存在这么厉害的指导方法。

　　本书中即将向大家介绍的"思考能力训练"是以国外一流大学的方法论及美国高中常见的批判性思维训练为基础的体系。我在课堂中切身体会到了这两种训练的显著效果。

　　书中会出现很多出乎意料的问题。为了不被其他人和人工智能取代，打磨出自己独一无二的见解，就不能用通常的方法去思考那些习以为常的事物。为了激发出大家心中的突发奇想，本书中设置了一些奇怪的问题。

　　我不是人工智能领域的专家，最终并不清楚人类的工作会被如何剥夺以及被剥夺到何种程度，但是只有一点我可以明确地断言，那就是：当下的这种情况其实是千载难逢的机遇。

在这之前，人类对于自身存在意义的思考从来没有过如此这般的动摇。不管马儿如何敏捷麻利地做完了庄稼活儿，"我的工作被马给抢走了！为了不输给马，我必须做点什么！"我们大概不会有这样的想法，应该也不会为之产生烦恼。

然而，如今许多人都把人工智能看作是一种威胁。换言之，现在正是思考"作为人类我的特长是什么"，探索只有自己才能胜任的工作、追求提升个人价值的机会。

不能白白浪费这样难得的好机会。为了应对新时代的挑战做好充分的准备，磨炼技能，创造出只属于自己的独创价值吧。

2019 年 5 月

狩野未希

/ 序章 /
热身训练

【训练时的注意事项】

本书所介绍的训练旨在锻炼大家的思维，鼓励大家认真独立思考，从而得出原创答案。为此，请遵循以下4项原则。

1. 将"或许哪里隐藏着正确答案"的想法全数抛弃。不要过于在意"什么是正确答案""世人是不是都认为该怎样怎样"，等等。

2. 任何答案都没问题（序章中接下来出现的问题有正确答案）。如果对自己的答案不放心，担心"这种答案是不是不太可能呢"，就试着思考一下"为什么会得出这样的答案"。即便是依靠直觉得出的答案，只要可以解释清楚就没有问题。是否为原创答案，取决于是否能够给出自己的解释。

3. 请将答案记录在纸上或者手机上。如果只是在头脑中东想西想的话，最终思路只会成为一团乱麻。

4. 享受这些出乎意料的问题吧。

认识逻辑思考

已知命题

如果是星期一的话，A车站的小卖部会放出写有"今日享双倍积分"的广告牌。

问题

那么，以下哪个描述是正确的呢？

1. 如果A车站的小卖部没有放出"今日享双倍积分"的广告牌，今天就不是星期一。

2. 如果A车站的小卖部放出了"今日享双倍积分"的广告牌，今天就是星期一。

＊注意该问题是存在"正确答案"的。

提示

不要考虑描述内容以外的无关信息。

逻辑能力查一查

首先让我们一起来进行热身训练，检查一下大家的逻辑能力吧！

在处理逻辑问题时，重要的一点是不要考虑描述内容以外的信息。"如果是星期一，A车站的小卖部会放出'今日享双倍积分'的广告牌"这句话只是传达了"如果是星期一会出现广告牌"这件事。似乎大家很容易往"星期一会出现广告牌，那么周二就不会"这个方面想，然而关于其他时间如何，这里一概未谈。

正确答案是第1个描述。因为星期一肯定会摆出广告牌，如果没有出现广告牌的话，首先就不会是星期一。

第2个描述是错误的。如果"星期一，A车站的小卖部会竖起'今日享双倍积分'的广告牌"意味着"如果A车站的小卖部放出了'今日享双倍积分'的广告牌，那么今天就是星期一"的话，相当于下面这种情况："三月份，小王心情愉快"意味着

"如果小王心情愉快的话,就肯定是三月份"。假设这个逻辑是正确的,那么小王在暑假、圣诞节心情都无法愉快了。

根据字面含义来接收并思考眼前的信息,不要妄加揣测与联想。这就是逻辑的世界。

逻辑是"思考力"的基础。本书所介绍的"思考力"基于批判性思维,而逻辑也是批判性思维的基础。

此外,批判性思维重视的还有**"区分事实与意见"**。

事实是可以通过出示证据、传达证据、接触证据来证明的。而意见是人脑中产生的想法,每个人都可能有不同的意见。

"地球是圆的"是事实,因为可以通过照片来证明。另外,"思考力是不可或缺的"就是意见。虽然除我以外,很多人都持有这样的想法,但并不能说这就是"证据",因为总有人认为"不需要思考力"。

对于事实来说重要的是"是否正确",但对于意见来说重点在于**"是否具有说服力"**。在本书中,会请大家思考各种各样的意见,但首先请大家牢记的是"意见没有正确与否"。

我们时不时就会听到"你的意见是正确的"这种说法,但其实应该说"你的意见具有说服力"才对。不觉得奇怪吗?决定什么是"正确的",就意味着可以把除此以外的东西都当作"不正确的"进行排除,这种事情未免也太绝对了,不应如此。

决定一个意见是否有说服力的是"依据"。事实依托于证据,而意见依托于依据。如果对依据进行仔细推敲,会发现这也是个相当复杂的领域(详情请参阅拙作《世界精英们的独立思考课》,日本实业出版社出版),笼统概括起来可以说,意见的好坏取决于你能思考出多少可靠(具有说服力)的依据。

判断眼前的信息是"事实"还是"意见",这也属于意见。因为大家的大脑中会形成"这是事实/意见,为什么呢?因为……"这样的依据。

那么,这里要向各位再提出一个问题。

问题

"米老鼠深受欢迎"是事实,还是意见?请思考为什么可以将它定义为事实或是意见。

一般来说,这句话属于"意见"。为什么呢?因为好像每个人定义"受欢迎"一词的方式都会有微妙的差别,也似乎没有哪个证据可以断言"我有铁一般的证据来证明米老鼠是受欢迎的"。另外,如果事先有规定"10个人中有8个人喜欢,就可以判定为

'受欢迎'",那么就可以认为"米老鼠受欢迎"是"事实"了。

我曾在多种场合下,向小学生乃至成年人都提出过上述问题,事实上我也得到了丰富多样的回答。有一次,我在大学课堂上提出了这个问题,某位学生说道:"假设把场合限定在米老鼠粉丝俱乐部聚会,那么'米老鼠很受欢迎'就可以成为事实。虽然每个人都有不同的意见,但在聚会中的每个人都喜欢米老鼠是不争的事实。因此,在以上限定场合下这句话就可以被断定为事实,而不是意见。"

大家觉得如何呢?

在逻辑思考的世界中,"如果是××的话"这样的设定发挥着巨大的威力。"如果我是上司的话我会怎么做""如果事情无法按计划推进的话"……通过假设,可以增加自己思考问题的视角。该名学生对"在什么样的情况下'米老鼠受欢迎'能够成为事实"进行了思考,让我佩服的是他做出了粉丝俱乐部这样有趣的假设。

但是,请大家回想一下,我刚刚说过"每个人的意见都可能不同"。每个人"可能不同"并不表示每个人的意见"必须不同","可能不同"指的是有可能不同,也有可能相同。

也就是说,正因为每个人的意见都有可能不同,当大家都持有相同的想法时反而构不成"意见"了。从逻辑上来说这种看法有点奇怪，这与刚刚探讨的小卖部广告牌问题一样。虽然我们现在探讨的是关于"意见"的定义问题，但是"思考"的第一步就是对所陈述的内容、语言原封不动地接纳并充分理解。

"逻辑世界"与"现实世界"

既然有第一步，就有第二步、第三步。那么，让我们把"思考"的步伐再往前迈几步吧。

一起来试着想一想刚刚所说的"如果是星期一，A车站的小卖部会放出'今日享双倍积分'的广告牌"这个问题能扩展到哪一步。

"如果是星期一，A车站的小卖部会放出'今日享双倍积分'的广告牌"，如果这个信息是正确的，那么"如果A车站的小卖部没有挂出'今日享双倍积分'的广告牌，今天就不是星期一"就是正确的吧？在逻辑世界里，这的确是正确的。

但如果把它作为生活的一个场景来思考，而不是纯粹的逻辑世界，又会如何呢？

例如，假设某一天路过A车站的小卖部时，没有看到"今日

序章　热身训练

享双倍积分"的广告牌。

因为A车站的小卖部没有放出广告牌，说明这一天不是星期一。"原来今天不是星期一啊……"你一边思索着一边低头查看手机，可屏幕上赫然显示着"星期一"的字样。究竟发生了什么！这也不是什么值得大惊小怪的事，现实中往往存在着这样不合乎道理的事。

请看下面的问题。

问题

如果是星期一，A车站的小卖部会放出"今日享双倍积分"的广告牌。但是，明明这天是星期一，小卖部却没有放出"今日享双倍积分"的广告牌。究竟发生了什么？请列出你能想到的所有可能。

＊注意　充分发挥想象力，尽情享受思考的过程。

参考答案

这一天正好不是双倍积分日；小卖部来了新的兼职工，不小心忘了放广告牌；广告牌被人踩坏了；手机坏了；脑袋昏昏沉沉，记错了日期；看错了手机屏幕上的日期；实际上路过的并不是A

车站；在做梦；等等。

或许有人会说，之前你明明还在说"对描述内容原封不动地接纳"，怎么突然又说"充分发挥想象力"了呢，究竟要怎么做？在此，我想稍微解释一下想象力与逻辑的关系。

假设有一种论断——它的确是现实存在的——"很多日本人都不擅长英语口语，是因为日本人接受的英语教育侧重于阅读理解"。乍一看这句话，大家会有什么感觉，是产生共鸣，还是总觉得无法认同？

该论断不具备说服力吧？

虽然"侧重于阅读理解的英语教育"与"很多人不擅长英语口语"之间，或许存在着某些联系，但是并不能就此推论"侧重于阅读理解的英语教育"一定会导致"很多人不擅长英语口语"。

不具有说服力就意味着这个论断不符合逻辑。所谓逻辑，归根结底就是要让任何人听了都能直呼"原来如此"，都能心悦诚服。也就是说，要能进行有说服力的说明。

那么，如何用逻辑的方法驳斥这个不合逻辑的论断？试着思考一下接下来的几点。

· 对于"日本人不擅长英语口语"，还能想出其他依据吗？

（例如，日本社会存在"察言观色"的文化，比起直接表达，更加倾向于沉默观察。）

·该论断存在被推翻的可能性吗？假设可以推翻的话，可以想出哪些依据？（例如，擅长英语口语的人正在增多。）

·该论断中是否掩盖了什么前提？（例如，掩盖了"阅读理解与口语没有直接联系"这一前提。）

大家是否注意到，无论是提出其他依据，还是讨论论断能否被推翻，都必须思考"这种想法是否能行得通"。要把某个论断变得富有逻辑性，依靠的就是想象力。

想必大家已经明白了逻辑与想象力之间存在着密不可分的联系，进一步来说，我们也可以认为想象力是人类重要的"生存能力"。

在此，请大家试着回忆一下自己生命中的"大事"。升学、就业、结婚、事故、轰动社会的大事件——在这些事情中有多少是可以事先预测到的呢？我们经常说命运的邂逅，但是换种说法，"命运"就是"今后回想起来只能称之为'命运'的、无法事先预测到"的事吧。

无论发挥多大的想象力，世界上的事总能够轻松凌驾于人类的想象力之上。我们不能忘记的是,**要能意识到"任何时候发生了轻易超出我们的想象、过往经验和固有思维的事,都不足为奇"**。

　　根据过往经验和固有思维来寻找答案是人工智能的拿手好戏。只有人类才具备"思考能力",其中想象力是弥足珍贵的。越是沉浸于思考的乐趣中越能锻炼思考力。接下来就让我们进入正式篇章,一起来磨炼我们的思考能力吧!

/ 第 1 章 /

独立思考的基础
——观察·思考·提问

第1章 独立思考的基础——观察・思考・提问

锻炼"思考能力"的基础

问题

请观察图片，回答下列问题。

图片 勒内・马格里特①**《心弦》**

---

① 勒内・弗朗索瓦・吉兰・马格里特（René Francois Ghislain Magritte，1898－1967），是比利时的超现实主义画家。——译者注

1. 你看到了什么？请尽可能多地列出"事实"。

2. 你认为这幅画上究竟发生了什么？请以"我觉得这幅画实际上是××，因为××"的形式思考，并且给出你的依据。

3. 回答完问题1和问题2之后，请至少列举出1个在脑海中浮现的"疑问"。

＊注意　该问题没有"正确答案"。

提示

首先仔细观察，之后再进行思考。

"思考"源于观察

前面提到的问题使用了美国哈佛大学教育项目的成果之一——*Making Thinking Visible*[①]中介绍到的思考方法。

Making Thinking Visible 中提到的思考方法在其他章节我也会

---

① 即《哈佛大学教育学院思维训练课》，罗恩·理查德等著，日版翻译为《能够观察儿童思考的21个常规：创造主动学习》，北大路书房出版。

介绍到，这些都是我在实际课堂中使用并且行之有效的内容，为了符合国人的思考方式，我对其中一部分内容进行了改编。

本次用到的方法称为"see-think-wonder（观察—思考—提问）"思考法，具体来说包含以下几点：①通过仔细观察图片等素材，锻炼理解能力；②通过阐述发生的具体事情，锻炼逻辑能力；③通过列出疑问点，为孕育原创想法打下基础（本书第16页所列的问题1、2、3分别对应此处①②③锻炼的能力），这些都是培养思考能力的基础。本章也会展开其他训练，帮助我们把依据变得更有说服力，这也是思考能力的重要根基。

或许大家会想，为什么冷不防地冒出这么一幅奇怪的画呢？这幅画是比利时画家勒内·F.G.马格里特（1898—1967）的作品。马格里特的绘画充满不可思议的奇幻色彩，很难用语言描述，因此很适合用来锻炼平时大脑中不太使用的那部分结构。

参考答案

1."像葡萄酒杯一样的东西上飘着像云朵一样的物体""山在后方"等。

2."实际上这是一张晒在Instagram上的'错视画'照片，把葡萄酒杯放在画着巨大云朵的窗户前，从稍远一点的地方拍摄，就能得到一张这样的照片"等。

3."为什么人们会被错视画吸引"等。

接下来仔细解读一下问题。

问题解说

1.你看到了什么？请尽量多地列出"事实"。

"列出事实"是简单的，但难点在于"尽量多"。能列出10个以上事实的人，可以说具有强大的理解力。

可是，大家平时又有多少时间会"仔细"地观察（或是倾听、阅读）呢？

仔细观察（倾听、阅读）是"思考力"的基础。为什么这么说呢？因为不仔细观察就无法理解，只有在理解之后才能对某些事物作出思考。我们时常可以看到有些人在对事物还不理解的情况下就发表自己的意见，但是对于这些不太明白的事情，原本就应该回答"我并不清楚"。

思考就是持有某种意见。既然持有意见，就应该对自己的意见负责。为此首先要仔细地观察并理解作为意见对象的人或物。

或许这是理所当然的事,但是我希望能事先明确这一点。

2.你认为这幅画上究竟发生了什么?

对现实中不可能存在的情景按照"实际上这是××"的方式进行说明,为了让他人信服,还需要提出依据支撑你的观点。

大家是否也遇到过虽然脑海中闪现出了一个不错的想法,但是"因为没法很好地证明它,从而选择缄默不语"的情况呢?重要的灵感仅仅因为"无法证明"而石沉大海,实际上是非常可惜的。

灵感是不可思议的东西,也许当事人也说不出个所以然来。在不可思议这点上,可以通过马格里特的画略知一二。赋予马格里特作品"不可思议"之处以逻辑性,有助于锻炼大家在职场或其他场合中说明自己灵感的能力。

前面的参考答案2,就是站在现实的角度对绘画进行了说明,但是我也非常鼓励大家发挥空(幻)想力进行说明。无论符合现实与否,只要逻辑清晰就可以。下面就让我们来看一下小学生们的回答,他们就是在空想的基础上对这幅画进行了解释。

"酒杯和云朵是这座村庄的标志。云朵第一次飘到了这座从未出现过云朵的村庄,村庄就把这一历史性的一幕纪念了下来。"

"这是未来世界,因为当今世界上没有这么大的酒杯。那个酒杯是用来吸云的机器,现在正在测试能吸入多少云。"

虽然孩子们瞬间就想出了这些描述,但是恐怕他们脑海中首先会对"为什么酒杯这么大""为什么酒杯的上方放着云朵"产生疑惑,而作为解谜的钥匙,他们才想出了"村庄的标志""未来"等关联内容。

但是,也许其中也有一部分人无法直接把"实际上这是××"的想法向他人很好地说明。

这一部分人不妨先从"如果这是××的话"开始。"××"可以是食物、家具、戏剧的布景等,首先给出设定,然后再试着说明。例如,如果这是家具的话,这就是毛茸茸的沙发;这个沙发设计前卫,沙发脚的造型如同红酒杯一般;而沙发后面的山,实际上是陈列沙发用的布景;等等。

这些都是为了培养大家的逻辑力,为了让他人接受你的想法而做的练习。大家一起努力开动脑筋吧。

3. 列出在脑海中浮现的疑问

在问题 3 中大家都想出了什么样的疑问呢?

在列出疑问的时候,首先请试着寻找"未知事项"。只要找

第 1 章 独立思考的基础——观察·思考·提问

到了自己"未知的"的地方,就能轻易地提出疑问。

那么,接着让我们来做一些练习,试着把未知事项转变成疑问。对于不擅长提问的人,尤其推荐你们尝试一下。请畅所欲言地把想到的疑问记录在纸上或手机上,至少写 10 个问题。

(1)把"未知事项"转变成疑问的练习

① 观察前面的绘画,依次列出"未知事项"。无论是多么微不足道的、多么"荒谬"的内容都可以。

② 请把①所列出的"未知"依次转变为问题。

例如"巨大的酒杯"(未知事项)→"为什么酒杯这么大?"(问题) 等。

在此我想稍微说些题外话。我曾经听说,越来越多的年轻人对"未知"变得麻木。他们一边在社交网络上拼命想要快速地、大量地吸收爆炸式的信息,一边却不去关心自己是否了解眼前的信息。

疑问与问题的原点就是"未知"。孩提时代,有些人还会单纯地对不知道的东西提出"为什么",但也许这些经常把"为什么"挂在嘴边的人，在被他人以"这种事情不用知道""不要整天想这些没用的，好好学习吧"这样的话泼了冷水之后，就不再提问，也不去思考"为什么"了。

但是，思考"为什么"是很重要的。因为孩子们提出的"为什么"，可能会成为他们独立思考的素材。例如，在疑惑"为什么电话需要按钮"的时候，诞生了 iPhone 的操作方式。科学上的伟大发现也来源于朴实的疑问，比如"为什么东西会落到地面"。

但是，就算看到苹果从树上掉下来，向周围的人提出"为什么东西会落到地面"的疑问，恐怕绝大多数成年人都会回答"这是理所当然的啊"。大家是不是也遇到过这样的情况，在提出"为什么"之后，却被"这是理所当然的啊"搪塞过去。

（2）质疑"理所当然"，产生独特视角

从前，我在电视上看 100 米赛跑的时候，注意到 9.997 秒被说成是 10.00 秒，我当时就很疑惑，无论怎么想都觉得奇怪。

但当我向专业选手询问时，他们对此并不觉得奇怪。他们回答道："截止到 2018 年，田径运动项目的官方记录中还未承认千分之一秒，所以这是理所当然的啊。"

把眼前事物认为是既定事实从而放弃思考的结果是，随着知识与经验的积累，人们越来越倾向于把事情视作"理所当然"，最终可能导致"提出疑问的能力"逐渐丧失。我并不是说用"这是理所当然的事"来应对疑惑就不好，若对所有事都事无巨细一个劲儿地提问，工作也会无法取得进展。但是，有时带着疑问的目光审视一直认为"理所当然"的事，也不失为一个好做法。

例如，如果不对"飞机上理所当然应提供飞机餐"提出质疑，就不会想到"取消飞机餐，是否可以让搭乘飞机变成一种较为便宜的交通方式呢"，也不会诞生 LCC(廉价航空) 了。此外，如果不去质疑"果汁一般是有色的"这个"理所当然"的事，就不会诞生风靡一时的透明饮料。

你无须大声说出疑问，但应该在自己的脑海用语言描述出来，否则无法培养自己对疑问的直觉，在需要提问的时候也会无话可说。对"理所当然"提出质疑，可以产生自己独特的疑问与观点。

另外，与疑问同样重要的还有"依据"。无论多棒的想法，若是无法很好地提出支撑自己想法的依据，就无法说服对方。

顺便说一下，在会议等场合表明立场时，依据也很重要。因为依据就是以具有说服力的形式（逻辑性地）表明赞成或是反对。

关于给出依据，我们还会在第 4 章展开训练，在此希望大家首先锻炼一下自己的直觉，看看什么才是具有说服力的依据。

问题

1. 日本人是否应该学习英语？为什么？

＊注意　在纸上写下你的依据，尽量多地列出来（至少 5 个）。

2. 在纸上写下与问题 1 相反的答案的依据，尽量多地列出来（至少 5 个）。

3. 对问题 1 和 2 列出的依据，按照说服力的强弱进行编号，把说服力最强的依据标为"1"。

＊注意　该问题也没有"正确答案"。

关于问题 1，大家应该都不会有什么疑问吧。

问题 2 提出的"思考相反观点的依据"也是锻炼独立思考的基础方法。

认为"肯定是 A"的人，如果思考一下"或许'可能不是 A'"并提供依据，给客观地审视自己之前的意见创造机会的同时，还能拓宽自己的视角，变得不再武断。请大家务必养成这样的习惯，即思考"是否可以反驳自己的意见？如果可以反驳，依据是什么？"

如果不喜欢自己的意见被他人反驳，不妨提前问问自己"如果自己持相反意见的话，依据会是什么"，思考对立面的依据可以帮助判断自己的意见是否站得住脚。

接着是问题 3 的"根据说服力的强弱进行编号"。

我在课堂上进行这一步的时候，使用了便笺与白板（或者把纸横向拼在一起，做成一条长 60 厘米左右的"带子"）。每张便笺上写一条依据，在白板上画一条长 60 厘米左右的直线，两端分别写上"赞成"与"反对"，以中间为原点，依次排开便笺，越靠近两端的依据就越具有说服力。①

判断"依据说服力的强弱"大致可以参考以下评价方法，即无法想出驳论的就是"具有说服力"的依据，反之就是"说服力不够强"的依据。一般来说，客观数据、权威专家的意见等都是"具有说服力的依据"。

那么，就让我们一起来练习一下吧。

例如，"日本人应该学英语"的依据，假设你想到了以下几点

---

① 此处使用了 Making Thinking Visible 中所提到的 Tug-of-War（意为"拔河"——因为越靠近两端力量越大）方式。

内容。

- 为了顺应全球化。
- 可以拓宽视野。
- 在换工作或移居海外等情况下，可以成为有备无患的生存技能。

针对以上依据，你能想出什么样的驳论呢？例如：

- 为了顺应全球化→机器翻译进一步发达的话，也不再需要英语技能了吧？
- 可以拓宽视野→英语以外的语言也可以拓宽视野。
- 在换工作或移居海外等情况下，可以成为有备无患的生存技能→为了生存，也需要英语以外的技能。

对每个依据进行反驳之后，这次我们只看这些驳论，推敲一下它们"是否令人信服"。假设对"机器翻译进一步发达的话，就不需要英语技能了""英语以外的语言也可以拓宽视野"表示认可，说明原依据就不太具有说服力。

另外,"为了生存,也需要英语以外的技能"这个驳论如何呢?

因为说的是"也"需要英语以外的技能,所以意味着认可了"需要英语技能",也就等于认可了原依据("在换工作或移居海外等情况下,英语可以成为有备无患的生存技能")。被"认可"的依据就是"具有说服力"的依据,因此可以把它放在白板上的赞成区域的顶端。

而对其他两个依据进行反驳的结果表明,任何一个依据的说服力都"不够强",那么让我们再来思考一下哪个说服力更弱。

・为了顺应全球化→机器翻译进一步发达的话,也不再需要英语技能了吧?

・可以拓宽视野→英语以外的语言也可以拓宽视野。

这次还是把焦点放在两个依据的"驳论"上,"机器翻译进一步发达的话,也不再需要英语技能了吧?"的观点确实让人颇有同感,但是"机器翻译发达"就推导出"不再需要英语技能"的说法未免也太绝对了。

也就是说该驳论经不起推敲。原则上驳论经不起推敲就等于原依据的说服力强,"为了顺应全球化"的说服力虽然"不够强",但也勉强具有说服力。基本上,如果驳论经不起推敲的话,可以按照"该依据是否能被其他理由推翻→如果能,确认推翻的理由是否具有说服力"的流程来思考,在评价完全部推翻理由的说服力强弱之后,再判断原依据的说服力是强是弱。"为了顺应全球化"这个依据本身就"勉强具有说服力",所以在此省略该步骤。

另外,关于另一个驳论"英语以外的语言也可以拓宽视野",确实很难再反驳下去。因此可以认为原依据相当没有说服力。

这样对刚刚3个依据按照说服力由强到弱排列就得到如下顺序,"在换工作或移居海外等情况下,可以成为有备无患的生存技能"→"顺应全球化"→"拓宽视野"。

同理,对"不学英语也可以"的依据也加以反驳,思考一下驳论说服力的强弱。作为"不学也可以"的依据,可以举出以下几个例子,如"虽然认识很多不会英语的人,但是没觉得他们因为不会英语而受阻""只要会其他的外语就可以了"等。

还有其他方法也可以判断依据是否有说服力。在进入到下一章前,我想先介绍一个方法。

当存在依据A和结论B的情况下,想一想"假设A是正确的,能否想到 B 以外的结论""作为结论 B 的依据，是否可以想到比 A 更好的依据"。

如果对上述两个问题的回答都是 No 的话，那么 A 就是"说服力强的依据"，如果其中一个回答是 Yes 的话，A 就是"说服力不够强的依据"，当两个问题的回答都是 Yes 的话，那么这个依据就"不太具有说服力"了。

在本章的开篇写道"一定要对自己的意见负责"，为了提升自己的原创观点的价值，也希望大家对自己的意见承担起责任。为此，必须让意见由强有力的依据来支撑。

自信地说出"这是我的意见，依据是××，我对此负责"，这将会成为今后社会的新标准吧？

/ 第 2 章 /

发现规则的能力
——训练创造力

一、发现规则

以下是关于某家商店的问题。

问题

某家商店发生了下面3种状况。

1. 跳绳卖光了。

2. 便当没有以前卖得好了。

3. 无须再挂出招聘兼职的广告了。

出现这些状况是因为_____。

请思考可以填入横线中的内容。

* 注意

· 该问题也没有"正确答案"。

- 横线中填入长句也 OK。

提示

让我们一起来找一找状况 1—3 的共同点以及联想到的关键词。

不是按照"套路"思考，而是发现"套路"

世界上的规则瞬息万变，也许没有哪个时代像现在这般变化剧烈。终身雇佣制已经不再是"必然"，从好的学校毕业进入好的公司就能一路平坦，这一切已成为过去。正是因为时代瞬息万变，预测"今后××将成为规则"之后再展开行动，这将具有特殊意义。

但遗憾的是，日本人并不擅长自己发现规则。就算是发现了规则，也有很多人难以有效地表达出来。

刚才的问题正是用来锻炼"自己发现规则的能力"。本章将会对"发现规则的能力""有效表达规则的能力"展开锻炼。

第 2 章 发现规则的能力——训练创造力

参考答案

"该商店附近的工厂被拆掉了,建起了一栋家庭式的大型公寓"[因为公寓的建成,很多有小学生的家庭搬了过来,于是跳绳卖光了(①),工厂中的工人失业了,因此对便当的需求就减少了(②),想要兼职的家庭主妇增加了(③)]。

1. "现成框架"与"创造框架"

假设刚才的问题是"在工厂的原址上建起了大型公寓,接下来会发生什么呢",那么答案就变得简单了。至少,接受日式教育的人都会有这样的感受。因为在日本教育中,首先会存在一个包括结论在内的"现成框架",然后只要把框架分别套到具体情形中就可以了。

从交换名片的流程到传统技艺,日本社会充满了"常规套路"。社会认可的是把个别内容对应到常规套路框架中、不脱离惯例的做法。

在此请大家稍微回忆一下中学的英语教材。例如,be 动词。我想老师们都仔细地说明过下面这个规则,"he/she/it 后面接 is,I 后面接 am,而 you 要接 are"。Ken 是人名,对应的是 he,因此 Ken 后面也接 is,等等。接下来的流程往往就是一起做习题,基本上只要阅读过之前的规则就能自然而然地解答出来。

另外，英美国家编写的面向外国人（英语非母语者）的英语教材却大相径庭。教材中关于语法的说明更为粗略。日本教材中，假设有 10 个语法规则，就会对其一一进行说明，但英美教材中基本上只会说明 6 个左右，之后便是"**稍后请读例句，通过练习，自己找出规则**"。虽然会大致地给出预备知识，但是英美国家教材的基本做法是通过例句与习题让学生自己来"创造"出规则。

面向学生的词典亦是如此。日本发行的词典基本上是"详细解说规则→列举个别范例"，而英美发行的词典则是"简要说明规则→通过阅读例句自行总结规则"。

虽然对于上述两种方式究竟哪种更利于学习英语，大家的看法见仁见智，但是显而易见的是英美的方式更能帮助我们培养发现规则的能力。

首先，不可否认的是学习规则后对练习题进行"个别"填充的方法本身没有问题，也可以培养应用能力。但是，长此以往接受这样的教育，不利于培养自己发现规则的能力。

第2章 发现规则的能力——训练创造力

日本在国际上风评不太好的"事先通气"①方式就是"现成框架（结论）优先"的典型。事先决定好了框架，因此大家只能在此框架的范围内进行思考，发挥独创性的机会就变少了。

此外，大家也许有过这样的经历，如果在日本社会想要推行某种新事物，周围的人会说出"这件事行不通"的种种理由来找你的碴儿。若是让日本人列举"行不通的理由"，恐怕他们认第二没人敢认第一。

"行不通"的前提是日本人认为既存规则"不可撼动"，"我们应该做的是如何证明这些规则是正确的"这种想法已经深入到了日本人的骨髓之中。

但是从今往后，我们必须自己去发现规则，因为仅仅只依靠既存规则，是无法生存与发展下去的。

前面的铺垫有点长，接下来让我们继续回到刚才提到的"跳绳、便当、招聘"的问题，大家都是按照什么样的流程来思考的呢？为了要同时满足"跳绳热销""便当卖不动""不再需要挂出兼职招聘广告"这几个条件，把"虽然跳绳热销，但是便当卖不

---

① 日语原文是"根回し"，是指日本公司的一种独特的管理方式，在做出一项决议之前会提前和各部门打好关系、沟通协调，虽然曾经作为日本大公司的一种成功的经营方式受到追捧，但也受到一些批评和争议。——译者注

动,也不需要再招聘兼职人员"这些信息一股脑儿地囊括进去的话,不要说去发现规则,头脑都可能变得混乱不堪。

那么,接下来就让我来解说一下发现规则的诀窍。

秘诀① 思考两件事物可能同时发生的情况→加入"排除项"

想要从各种现象中读取规则时,如果现象本身就是相似事物,问题就会变得简单(例如,从"虚拟货币、AI、区块链发展"中可以获取的信息有"技术进步"等)。

但是,像刚刚的问题"跳绳热销""便当卖不动""不再需要挂出招聘兼职广告",这些现象乍一看似乎毫无联系,如同一盘散沙。这种情况下,我们首先要从毫无联系的现象中,选出**易于发现关联点的现象**。例如"便当卖不动"与"不再需要挂出招聘兼职广告"等。

选择完毕后,思考一下,试着列出可能同时发生两个现象的状况。只要合乎逻辑,无论什么想法都可以。

(例)

某家商店可能同时发生"便当卖不动"与"不再需要挂出招聘兼职广告"这两个现象的状况:

第 2 章 发现规则的能力——训练创造力

·想要储蓄的人变多了（自己做饭的人以及主动申请兼职的人变多了）。

·附近开了一家网红便当店（商店客源流失，便当销量滑坡，不再需要招聘兼职）。

·该区域的上班族变少了，家庭主妇变多了（购买便当的人变少了，主动希望兼职的人变多了）。

....

接着，从列出的状况中思考一下是否存在可以说明剩余现象（"跳绳热销"）的内容。"想要储蓄的人变多了"这个状况，似乎也可以解释成"因为人们不想在运动上花钱，所以选择跳绳的人变多了"，而"上班族变少了，家庭主妇变多了"也可以解释为"家庭主妇们的孩子在上小学，跳绳的购买需求上升"。这样一来，就可以编造出用来解释全部现象的"答案"了吧。

得出最终"答案"后，试着想一想为什么会发生这种状况。通过这一系列的思考，就可以找到状况发生的背景。

例如，为什么想要储蓄的人变多了，可以联想到经济不景气，不信任金融机构等。前面的参考答案"工厂被拆除，建成了家庭式的大型公寓"正是回答了"为什么上班族变少了，而家庭主妇和孩子变多了"这个问题。

如果觉得上面表述的方式也不是那么容易入手的话,不妨来看看以下的表达方法。

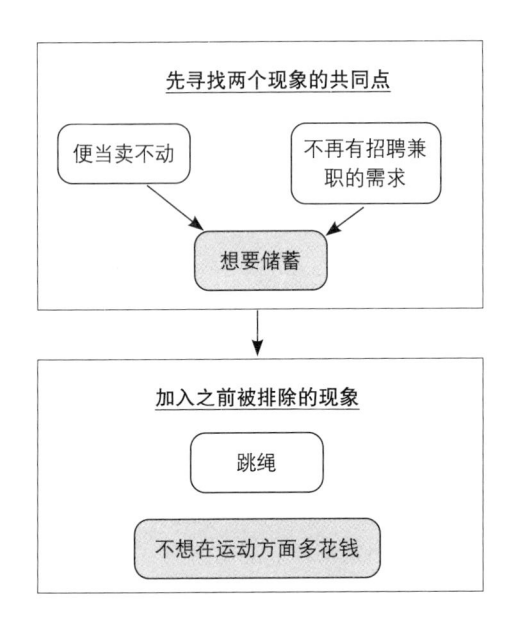

```
┌─────────────────────────────────┐
│      先寻找两个现象的共同点          │
│                                 │
│   ┌────────┐      ┌──────────┐  │
│   │便当卖不动│      │不再有招聘兼│  │
│   └────────┘      │职的需求    │  │
│         \        └──────────┘  │
│          \         /            │
│           ↓       ↓             │
│          ┌──────────┐           │
│          │ 想要储蓄  │           │
│          └──────────┘           │
└─────────────────┬───────────────┘
                  ↓
┌─────────────────────────────────┐
│      加入之前被排除的现象           │
│                                 │
│          ┌──────────┐           │
│          │  跳绳    │           │
│          └──────────┘           │
│                                 │
│      ┌──────────────────┐       │
│      │ 不想在运动方面多花钱 │       │
│      └──────────────────┘       │
└─────────────────────────────────┘
```

秘诀② 关键词→联想游戏→编故事

本方法是从已知"现象"中分别抽出关键词,然后根据关键词自由展开联想，编造故事。

首先，抽出关键词。"跳绳热销""便当卖不动""不再需要挂出招聘兼职广告"的关键词分别是"跳绳""便当（商品）""兼职"。

之所以在这里为便当写明"商品"是为了不和自己家里制作的便当产生混淆。请大家严谨地使用词汇，因为思考就是运用语言的工作。**含糊的语言只会产生模棱两可的思考。**

接着请根据各个关键词，一一列举出"由关键词联想到的事物"，记录在纸上或其他地方。

（例）
"关键词"→"由关键词联想到的事物"：
跳绳→小学生、记录、跳绳俱乐部、拳击
便当（商品）→午休、工薪阶层、微波炉、方便、金钱
兼职→家庭主妇、家庭生计、白天、附近
…………

接着从"联想到的事物"中，凭直觉选出一个你喜欢的事物。例如假设选择"跳绳俱乐部"。

批判性思维

不知道大家是否知道一个叫作"魔幻香蕉"的儿童游戏？游戏大致是这样的，说到香蕉想到食物→说到食物想到咖喱→说到咖喱想到父亲→说到父亲想到高尔夫→说到高尔夫想到早起→说到早起想到早饭→说到早饭想到香蕉，以"说到A想到B"的形式进行接龙，最后回到"香蕉"就获胜。

这个游戏的乐趣就在于，游戏本身存在"最后一定要回到香蕉"的规则约束，虽然可以享受自由发挥想象的乐趣，但思考方向会受到一定的限制。

那么，让我们试着来模仿一下这个游戏，从刚刚选择的联想到的事物（例如"跳绳俱乐部"）开始，最终回到剩下的关键词 ["便当（商品）""兼职"] 中的任一个，例如"说到跳绳俱乐部想到××"，按照这种方式开始接龙。接龙的过程中务必提到另一个关键词。

（例）

说到跳绳俱乐部想到运动会→说到运动会想到远征→说到远征想到家人的支持→说到家人的支持想到便当→说到便当想到便当（商品）→说到便当（商品）想到金钱→说到金钱想到兼职，等等。

做到这一步,接下来就是让故事丰满起来了。

(例)

附近的跳绳俱乐部在全国比赛中取得了胜利,许多小学生都想加入该俱乐部,于是购买跳绳开始练习(跳绳卖光了)。俱乐部即将踏上征程,母亲们为此开始存钱,不再购买商店里的便当,开始亲手制作便当(便当卖不动了),并且开始主动寻找兼职(不再需要挂出兼职招聘广告)。

2. 采用"归纳法"进行思考

自己总结规则就是逻辑学上提到的"归纳法"思考方式。什么是归纳法呢?可以看下面的例子。

a. 在日本的小学,人们通过猜拳的方式选出了PTA(家长教师联合会)的成员。

b. 在日本的公园,孩子们通过猜拳的方式决定了游戏顺序。

c. 在朋友家中,挑选主人端出的点心时,日本人通过猜拳来决定。

从以上这些信息中可以得出"日本人喜欢猜拳"的结论。

另外，经常与归纳法同时出现的还有"演绎法"。举例说明，以下就是演绎法。

a. 人早晚会死。
b. 狩野是人。
从这些信息中可以得出"狩野早晚会死"的结论。

演绎法具有绝对的正确性，如果原来的信息正确，理所当然可以得到正确的推论。我在序章介绍的商店广告牌的问题，用的正是演绎法的思考方式。

然而，归纳法就不存在"绝对的正确性"。归纳法是从各种信息中推理出"也许可以这么总结"的思考方式。

刚才关于猜拳的例子，就是由于观察到"在各种情境下，日本人通过猜拳来作出决定"这个信息，从而推导出了"日本人认为猜拳是一种无可非议的解决问题的方式（虽然他们未必喜欢）"这样的结论。用归纳法思考的乐趣在于，把眼前的信息串联起来，创造出属于自己的结论。与之相对，"理所当然会得到这项答案"

第2章 发现规则的能力——训练创造力

的演绎法，就没有能够创造出自己专属结论的趣味了。

那么再回到刚才的话题，日本人习惯的思考方式是"先有规则，而后把规则套到个别内容上"，而英美的思考方式与之相反，是通过"个别内容"来自己发现规则。

这么说来，日本人用的是演绎性的思考方式，如果"规则"正确，那么对应到规则上的个别内容就理所应当地没有问题。

如果说日本人用的是"演绎性的"思考方式，那么英美国家的这种通过个别信息从而自己总结规则的思考方式就可以说是"归纳性的"。不能说哪种方式更好，但是在如今这个瞬息万变的时代，笔者希望大家一定要掌握"归纳法"的思考方式，自己创造出规则。

让我们再来试着通过一些问题锻炼归纳能力。

二、锻炼归纳能力

问题

1. 列举出迄今为止人生中"最失败的3件事"。是什么原因导致了失败呢?请思考失败的理由(写在纸上)。

2. 浏览1所列出的全部理由,寻找共同点。这里的共同点可能是诸如"果然是自己的作风""又是一样的错误"这类内容。共同点可以是一个,也可以是多个。

3. 从2所列出的共同点中任意选择一项。想必2所列出的内容多少与"缺点"相关,请把它转换成"正是因为存在这样的缺点才会有这样的优势"这种形式。

4. 把3的回答转换成比喻,物品、动物、现象都可以。写出你为什么会想出这样的比喻。

参考答案

1. 最失败的 3 件事：

（1）明明有想要做的计划，但是连提案都没提出就无疾而终了。

理由：害怕失败。

（2）参加高考的时候，明明有自己心仪的学校，但还是听了父母之言。

理由：害怕顶撞父母，认为只要按照父母说的做肯定不会有问题。

（3）对朋友说了过分的话，因此绝交了。

理由：虽然朋友之间可以透露一些不满，但是没能当场弥补关系，导致友情决裂。

2. 共同点：逃避正面冲突，过于在意失败，不信任自己。

3. 过于在意失败（缺点）→因为极度害怕失败，所以为了避免失败而竭尽全力（优势）

4. 为了避免失败而竭尽全力（优势）

天鹅（比喻）

天鹅优雅的外表下是它们在水中不停地努力摆动双脚（理由）

批判性思维

从共同点中发现"新的理解方式"

该问题的意图在于,通过找出3个失败的共同点来锻炼归纳能力(1、2),通过从其他角度来审视导致失败的共同点,从而产生新的理解方式(3),通过比喻,用自己的独特观点描述概念化的事物,从而培养具象思维(4)。

在职场等场合需要解决多个难题时,或是想要把危机转换为机遇时,前面给出的问题所锻炼的思考方式大有裨益:面对任何现象,都能有助于大家形成自己的观点。关于形成自己的观点,会在后文涉及,这也是培养"有效表达能力"的基础。

也许问题3提到的"把缺点转化为优势"对大家来说有点困难。其秘诀就是强行下结论暗示自己"我没错",然后找借口来证明这个结论。例如,如果导致失败的理由是"过于在意失败",姑且可以想出"过于在意失败也不是完全不好"为依据。

关于问题4提到的比喻,我借鉴了一部分第1章所介绍的 *Making Thinking Visible* 这本书中讲到的"3-2-1 Bridge"的方法。对信息进行比喻,相当于用自己的观点来重新理解信息。即便是针对相同的信息,每个人的比喻方式也会大相径庭。例如"为了避免失败而竭尽全力",既可以拿天鹅来作比喻,也可以拿"铅笔"(虽然铅笔的笔芯硬,但笔芯在努力奉献自己的途中也会发生断裂)来作比喻。

接着让我们进入到下一个问题——如何锻炼"自己发现规则的能力"。

三、锻炼发现规则并有效表达的能力

问题

请以"然后,今天也吃了Garigarikun①"为结尾,写一篇400字以内的文章。

要点

Garigarikun 指的是日本国民冰棒"ガリガリ君"。请充分发挥想象力,想一段以"然后,今天也吃了Garigarikun"为结尾的故事。

★注意　故事中请尽量使用对话来作为人物的台词。

---

① Garigarikun 为日本国民冰棒品牌,由赤城乳业株式会社出品。——译者注

第 2 章 发现规则的能力——训练创造力

提示

想一想为了到达"然后,今天也吃了Garigarikun"这句终点,有哪些必备要素呢?

实现目标的必备要素有哪些?

该问题的要点在于今天"也"吃了Garigarikun,因此自然要思考一下"上周""昨天""今天"都吃了Garigarikun的人身上存在什么样的"规则"呢?这里所说的"规则"指的是"如此热爱Garigarikun的理由""每天不得不吃Garigarikun的特殊缘由"等内容。在设想完规则之后,编造一个"按照这种设定或许会很有趣"的故事。

本次的"规则"也与之前提到的问题相同,**请自信地选择自己认为可以接受的内容**。就像为了到达终点,虽然有的人选择打车,有的人选择坐公交,但是自己决定徒步一样,不必顾虑他人的想法,只要最后能够到达目的地就行。

参考答案（来源于小学 4 年级学生的作文）

我不太喜欢吃冰激凌，因为我一吃冰激凌就会头痛。但是，我最近迷上了 Garigarikun，因为坊间流传着"吃了 Garigarikun 头脑会变聪明"的传说。虽然我一开始听到的时候，也将信将疑，心想"反正是胡说八道"，但是我抱着试一试的心态吃了一根，没想到分数一下子提高了。我想着"再吃几根的话，头脑或许会变得更聪明"，于是又吃起了 Garigarikun。没想到考试全都得了满分，还被从未夸奖过我的校长表扬道："你真是个聪明的孩子。"此外，我在作文比赛中也获得了一等奖，在晨会上受到了表扬。虽然总吃冰激凌零花钱变少了，但是妈妈说："如果吃了会变聪明，我会买给你吃的。"所以我也不需要担心自己的零花钱。但是我吃了冰激凌，头还是会痛。尽管如此，我也戒不掉。然后，今天也吃了 Garigarikun。

1. 用故事讲述

话说回来，是不是有人会想："为什么一定要把自己发现的规则描述成故事呢？"

但是请试着想一想，发现了某个规则后，大家都会希望向他人说明吧？既然要说明，就希望得到对方的认可。此时需要具备的就是"有效表达的能力"。而很多日本人都不擅长的"讲故事（加入趣闻）的能力",我认为在今后的社会中尤其重要。

无论是歪理，还是脱离常规的规则，如果通过一些趣闻进行说明的话，就会让人乐于接受，也易于接受。在全球化的浪潮中，为了向不同人群描述自己的国家或文化，我们必须摸索出对方容易接受的方式。

或许有人会说："讲故事这种东西，我又不是在做 TED 演讲①，还是算了吧。"但是即便是无聊的"报告演讲"，只要加入了故事，就会给大家留下不同的印象。例如，先说一个不到 10 秒的简短故事："在启动项目时，我听取了 10 名相关人员的想法，他们的满腔热忱让我久久无法忘怀。"之后再引出"我在整合了他们的想法后，做成了资料第 × 页的内容，这也是本次的工作计划"，就能表达"因为这些人的存在，证明了我说的内容是具有价值的"这层含义。

2. 语言能力的基础是"对话再现"

刚才的"Garigarikun"问题，还附带了一个要求，就是将对

---

① 以"传播一切值得传播的创意"为宗旨，由活跃在各行各业的人士进行演讲的大会，TED 大会上分享的演讲基本上都蕴含了优质的故事。

话体作为故事讲述的方式。再现人物对话也是为了给故事加上制约条件。

在讲故事时，日本人往往习惯于抛弃具体细节，青睐于简洁流畅。例如，拿 Garigarikun 的故事举例的话，日本人通常会这么描述：

"吃了 Garigarikun 头脑变聪明的传说不是假的。"

在日本社会，比起详细地描述"谁说了什么""在哪种场合"这种具体细节，干脆利落地总结出结论被视为更符合"成年人"的身份。此外，对某件事情发表自己的感受也容易被视为禁忌，因为这属于"自己的私事"。

但是，从"吃了 Garigarikun……不是假的"这个例子可以看出，概括总结会使话语变得枯燥乏味。在国际性的演讲舞台上，之所以冠有故事之名的演讲会受欢迎，那是因为听众会被其吸引。

为了引人入胜，一定要加入细节。身临其境之感也是故事的关键。但在从事了多年的演讲指导工作之后，我发现常年接受概括总结教育的日本人似乎本身就不擅长作具体说明。即便强调了无数次"具体说明"，很多人还是无法跳出"总结概括"的窠臼。

因此，请大家在讲故事的时候严格遵守以下内容：

- 尽量使用对话作为人物的台词。
- 尽量加入时间、地点、人物、做什么、怎么做这些要素。
- 加入"自己的想法"。

这么做的话，故事就会自然而然地丰满起来。诸如报告演讲这类生硬的模式，有时不得不快速讲完，这种情况下不需要加入人物对话，只要尽量把前述的其他要素加入即可。

故事的效果由"自己"决定。请大大方方地展现，把自己听到的对话、自己拥有的情感、自己看到的情景充分地表达出来。

3. 归纳法的限度

归纳法在发现规则这一点上是有效的。虽说日本的学校教育并不重视归纳法，但它时时刻刻影响着我们的日常生活。例如在做市场调查时（从 A、B 的趋势可以看出 Y），在写论文时（根据 C、D、E 可以得出 Y），抑或是评价他人时（只做 F 的那个人一定是 Z）。

或许有人会想，这么说来不就相当于日本人也擅长归纳法吗？但某些情况下会使用，并不代表"擅长"。本书第 43 页举过的"日本人喜欢猜拳"的例子，就源于我的一位旅日美国友人的总结。英美国家的人一般习惯从归纳法的角度思考。相较之下，绝大多数日本人都没有从归纳法的角度分析理解问题的习惯，万不得已要使用归纳法的时候，日本人也许只能说出一些老生常谈的观点。

事实上，归纳法本身也有其局限。归纳法归根到底只是"根据眼前的信息，发现共同点及规律"的思考方式。**如果眼前的信息有误，那么由此推导出的共同点以及规律就不成立了**。关键在于要对眼前的信息持有怀疑态度，不要认为那是"肯定完全正确"的。归纳法局限性的一个著名例子就是"黑天鹅"的故事。很久很久以前，欧洲人只看见过白天鹅，因此只要说到天鹅，古代欧洲人认为就应该是白色的。让我们穿越时空，回到1696年的欧洲，如果按照归纳法来描述的话，内容如下：

a. 昨天看到的天鹅是白色的。
b. 14世纪的天鹅都是白色的（根据书中记载）。
c. 我问过很多人，从没听说过他们见过不是白色的天鹅。
【结论】天鹅是白色的

但是，在1年后，即1697年（据记载），在澳大利亚发现了

第 2 章 发现规则的能力——训练创造力

黑天鹅,瞬间就颠覆了"天鹅是白色的"这个多年以来在西方国家成为常识的概念。用归纳法得出的"正确答案"——"天鹅是白色的"这个结论就错了。

在序章中我写到过"重要的是能够认识到人的想象力是有限的",黑天鹅的故事亦是如此,不能把自己眼前的信息当作全部。明明自己掌握的信息只有"天鹅是白的",凭什么就断言没有其他颜色的天鹅呢?只要不能证明"不存在不是白色的天鹅",就不能肯定地说"天鹅只有白色的"。

此外,归纳法还有一个弱点就是"大家可以各抒己见,没有正确答案"。刚才我也谈到了用故事讲述事情,但是在演讲中引用的故事并不存在"从这个故事必然能推导出××的结论"这种愚蠢的限制。在聆听、体会之后,如何解释故事是每个听众的自由。不必把自己的想法强加于他人,演讲者本人即便有"希望大家听完故事后得到的结论是 A"的想法,听众也可能会认为结论是 B、C,甚至是 Z。

/ 第 3 章 /

找到本质
——解决复杂问题

一、有效的提问

问题

在初次到访的异国他乡,你患上了一种原因不明的疾病,于是去看了当地医生。

你希望通过提问来辨明这位医生是否靠谱。只能提一个问题,你会问什么呢?

＊注意　该问题也没有"正确答案"。

提示

请彻底地思考你希望通过提问获得什么信息。

如何有效地提问

你是不是灵光乍现——"我可以提这样的问题吗"？还是绞尽脑汁不知如何是好？

本次只要达成"辨明这位医生是否靠谱"的目的即可。因此，关键在于如何解释这项任务：即"靠谱"的具体含义是什么。

参考答案

"万一这家医院没法解决我的症状，该怎么办呢？"

"能否允许我对谈话内容录音？"等。

提问的关键在于"为了什么而提问"这个目的（任务）。日本人总是不善于"提问"。如何看清提问的目的？如何有效地提问？如何自信地提问？本章将一一解开大家的困惑，锻炼大家的提问技能。

1. 美国人也不擅长提问

平时大家在开会、答疑环节、看病或是与朋友交谈时，会提多少问题呢?

想必有很多人会选择不提问吧。不提问的理由形形色色，诸如"当时的气氛不适合提问""不想让人觉得自己愚蠢"等。但是，没有提问的硬性要求时尚可，被要求必须提问的时候就会变得不知所措了。此外，无法有效地提问也让人苦恼。

似乎经常有人这么说："在日本社会中，提问是不太受欢迎的，接受了'填鸭式'的日式教育，自然而然地就丧失了提问的能力。"的确，社会与教育的影响不可否认。

不过，在推崇提问的美国社会，也有相当多的人"不知道如何提问"。为了让这部分人成为"善于提问的人"，美国人开发了Question Formulation Technique[①]（提问技巧），该技巧在美国教育一线得到了广泛的好评。

2."能够提问"是自己独立思考的依据

首先希望大家牢记的是：不存在"绝对正确的提问"。关于这一点，对"提问技巧"进行解说的书籍——*Making Just One*

[①] Question Formulation Technique (QFT) 由非营利组织——正确问题研究所（Right Question Institute）开发。丹·罗斯坦和鲁兹·桑塔纳是该研究所的联合主管。——译者注

批判性思维

Change：Teach Students to Ask Their Own Question[①]（哈佛教育出版社出版）的作者丹·罗斯坦（Dan Rothstein）和鲁兹·桑塔纳（Luz Santana）也进行了强调。提问的好坏取决于"什么人、在什么状况下、为什么而提问"。好的提问、有效的提问指的是根据状况与目的提出自己该问的问题和自己能够信服的问题。

话说回来，为什么美国社会希望增加"善于提问的人"呢？罗斯坦解释道：美国希望营造一个更好的社会，有效的提问有利于有效地收集信息，能够提出自己满意的问题意味着自己认真地思考过了；如果"很好地掌握信息并且善于思考的人"越来越多，那么社会就能更好地发展。这已经成为全球战略，而不单单是国家战略了。

回过头来看，或许日本社会比较常见的是有效地思考但不提问。可是，有效地提问就意味着深入思考，避开提问能力去锻炼思考能力是行不通的。

对某些事物保持关注，拥有自己的见解，这些全部源自提问。例如，偶然听到一首曲子，觉得"好听"，这时脑海中就会浮现出"这是谁的歌""歌名是什么""歌手是什么样的人"诸如此类

[①] 该书中文译本为《老师怎么教，学生才会提问》，由中国青年出版社出版。——译者注

的问题,这些疑问正是你开始关注起这件事的证据。又或者当你听闻事故的消息,心情变得低落,但仅仅依靠这种心情是无法产生"观点"的,如果问一问自己"为什么心情会低落""怎样才可以杜绝这样的事故",那么就会产生自己的"观点"。

自己思考问题具有伟大的意义。"管理学之父"彼得·F.德鲁克(Peter F. Drucker)说过,管理不好的首要原因是"**无法正确地提问,而不是回答不出正确答案**"(摘自 *the Practice of Management*[①])。

要想开辟未来,只是默默地解答他人抛来的问题是不可取的,他人抛来的问题源自他们的立场与目的,所以你大可不必解答。但是,自己想到的问题就不同了,因为是自己绞尽脑汁想到的,所以会下决心一定要找到答案。

那么就让我们一边解答前面提到的"对医生的提问",一边说明有效提问的流程。基于哈佛大学的"提问技巧",我根据日本人的思维习惯对该流程进行了适当修改。

在提问前至少需要 15 分钟左右的准备时间,按照流程反复训练,就能自然而然地掌握提问能力。当别人突然向你抛出"请提

---

① 中文译本为《管理的实践》,2006 年由机械工业出版社出版。——译者注

问"的要求时,你将应对自如。

3. 有效提问的 8 个步骤

有效提问可以通过以下 8 个步骤得以实现。请把各步骤实施的内容全部写出(可以记录在纸上或是手机上)。

之前提到的"对医生的提问"也可以使用该流程进行解答。

步骤① 理解状况。

步骤② 写下你的提问,能写多少写多少。

步骤③ 把步骤②中写出的提问分为两类——"封闭性问题"和"开放性问题"。

步骤④ 分别将"封闭性问题"变换为"开放性问题",将"开放性问题"变换为"封闭性问题"。

步骤⑤ 思考通过不同的提问分别可以得知什么信息。

步骤⑥ 思考提出各个问题时的最坏结果。

步骤⑦ 思考提问的目的。

步骤⑧ 选出符合"提问目的"的问题。

第 3 章 找到本质——解决复杂问题

步骤① 理解状况——要围绕哪些内容展开提问。

刚才提到的"向医生提问"的问题中,已经明确了要提问的上下文,即"在异国他乡,你患上了一种原因不明的疾病,希望辨明看病的医生是否靠谱"。但是大家在平时不得不提问的情况下,语境往往不那么明朗。例如,在听完他人的说明后,被问及"是否有什么疑问",或是在会议上必须提问,大家都遇到过吧?

这里说到的"是否有什么疑问"中的"什么"其实大有文章。虽然听上去"什么"都可以问,但并不是这样。

就像刚才写到的,**提问的关键是明确什么人、在什么样的状况下、为了什么而提问**。因此,首先需要对提问的语境进行把握。

例如,假设你听到一个消息——"听说我们公司今后要把英语作为通用语。好像是为了应对全球化"。下周要召开部门会议讨论此事,你正在思考如何才能提出有效的问题。

首先是把握状况,目前已知信息只有"时间(今后)""人员(我们公司)""方法(把英语作为通用语)""原因(为了应对全球化)"。把握状况时首先确认 5W1H [时间(When)、地点(Where)、人员(Who)、对象(What)、原因(Why)、方法(How)] 中有多少内容是已知的。前面的消息中提到的"时间"

概念比较模糊，只是说到了"今后"，当5W1H的的内容出现这种模糊的概念时，你要做的就是进一步调查，例如把模糊的概念变成"从明年开始""首先从董事会成员中开始推行英语"等具体的信息。

那么进入到下一个步骤之前，让我们一起来热一下身，做一道题。通过这道题，大家可以对大量思考问题有所体会。

问题

有1枚回形针。你可以提关于这枚回形针的任何问题，请在纸上写下20个问题。

请抛开"这种问题毫无用处""这种问题愚蠢之极"的顾虑，只要是"提问"的形式，一切皆可。务必在各句末尾加上问号。

参考答案

· 这是谁的回形针？

· 这枚回形针产自哪里？

· 这枚回形针全部展开的话有多少厘米？

· 回形针原本是谁发明的？

· 人的一生中会用到多少枚回形针?
· 最常用到回形针的工作是什么？等等。

你已经写下 20 个问题了吗？那么，接下来就让我们进入下一个步骤——有效提问的方法。

步骤② 把握了状况后写下你的提问，能写多少写多少。

把握了状况之后，接着就只要写出你能想到的关于状况的提问即可。"好像对这一点有些在意""想进一步了解这一点"，当你头脑中隐隐约约冒出这些想法时，请把它们转变为问题记录下来。在此我先列出 6 个要点。

a. 围绕状况的任何问题都可以，总之有多少写多少。

b. 不要用有无价值来衡量自己的问题。你可以提任何问题，可以是无用的问题、聪明的问题、细致的问题、模糊的问题、让人恼羞成怒的问题、单纯的问题。

c. 不要急于回答问题（不要利用网络等工具寻找线索）。

d. 忠实地写下脑海中浮现的内容（防止自己为了获得他人的夸赞而不忠实于自己本来的想法）。

e. 不要提已知答案的问题。

f. 必须以疑问句的形式提问。在句子的结尾加上问号,自然而然地就会变成疑问句。

当思考不出问题的时候,可以试着想一想"5W1H"以外的内容,比如"效果""定义""已经采取的对策""获益(受损)的人是谁""变成现实后会发生什么""相似的案例"等。

(例)

关于"作为应对全球化的一环,从明年起我司将把英语作为通用语"的问题清单:

· "通用语"的定义是?

· "公司内部"的定义是?

· 无法沟通的情况下该怎么办?

· 如果说日语会受到惩罚吗?

· 官方通告是"为了应对全球化",但这是真正目的吗?

· 如果因为不会英语得了抑郁症而因病休假,可以得到工伤补助吗? 等等。

第 3 章 找到本质——解决复杂问题

请在各问题之间空出几行,以方便之后的操作。

步骤③ 把步骤②中写出的提问分为两类——"封闭性问题"和"开放性问题"。

问题大致可以分为两类。一类是**封闭性(closed-ended)问题**,也就是只能回答 Yes 或 No,或者是可以用一句话简单概括答案的问题。另一类是**开放性(open-ended)问题**,也就是可以通过"为什么""如何"等内容不断扩展答案的问题。

我这么描述,或许大家会产生一种错觉,认为开放性问题比封闭性问题高级,但并非如此。究竟哪种问题更为有效,还要根据时间和场合来决定。

假设,你向刚刚结束了一个重要谈判后回到公司的后辈问道:"谈判进行得如何?"这个问题就是开放性的吧。听到问题的后辈也许会滔滔不绝地展开话题说道:"哎呀,A 还迟到了……"也可能他只是进行简短的业务汇报,向你描述必要信息:"下周要和对方部长见面。其他决定事项还有……"

开放性的问题可以说具有高风险高回报的特征,因为回答的自由度完全由回答者决定。

另外,如果向后辈提问:"通过谈判是否决定了下一步安排?"（封闭性问题）确实可以得到问题的确切答案，但是后辈可能在回答了你的问题后就不再告知其他的内容了。

请大家记住：提问的大致基准就是，当你想要得到精准回答（或者不希望话题偏离轨道）时使用封闭性问题，当你姑且只希望获取各种信息（或者希望对方多分享信息）时使用开放性问题。

那么让我们把步骤②所列出的提问分别划分为"封闭性问题"和"开放性问题"。这是进一步明确自己究竟想要获取什么信息的事前准备。

把"封闭性问题"标记为C，"开放性问题"标记为O，既可能是封闭性问题又可能是开放性问题的标记为C/O。该问题属于C还是O，没有绝对的正确答案，因为答案是否能以"一句话"结束会根据不同的情况而变化。

（例）

把关于"作为应对全球化的一环，从明年起我司将把英语作为通用语"的提问划分为"封闭性问题（C）"或"开放性问题（O）"：

·"通用语"的定义是？（C）

第 3 章 找到本质——解决复杂问题

- "公司内部"的定义是？（C）
- 无法沟通的情况下该怎么办？（O）
- 如果说日语会受到惩罚吗？（O）
- 官方通告是"为了应对全球化"，但这是真正目的吗？（C/O）
- 如果因为不会英语得了抑郁症而因病休假，可以得到工伤补助吗？（C）

我先稍微解释一下。

"如果说日语会受到惩罚吗？"看似是 Yes 或 No 的封闭性问题，但是因为可以扩展到"在哪些情况下说日语会受到惩罚""会是什么样的惩罚""如何确认要受惩罚"这些问题，所以是"O"，即开放性问题。

在划分 C 还是 O 时，按照"实际提问会得到什么样的答案"进行具体的想象，就容易区分了。

至于"官方通告是'为了应对全球化'，但这是真正目的吗？"为什么是 C/O，这是因为对于该问题的回答既可能是"是的，这是真正目的"这种干脆的答案，也可能是"那我要从'全球化'的定义说起"这种灵活的回答。

在思考这是封闭性问题还是开放性问题的时候，也会发生想要改变提问措辞的情况。例如，想象一下真实提问的情况，当问到"通用语的定义是什么"的时候，对方可能会回答"'通用语'是公司内部正式使用的官方语言"等类似于字典上名词解释的内容。

可是你希望得到的答案并不是名词解释，而是"我希望知道在日常处理打印这类杂事时，是否也一定要说英语"。如果是这样，就要把问题换一种表达方式——即"日常的杂事联络也需要使用英语吗？"从而进一步确保能够获取自己想要的信息。

步骤④ 分别将"封闭性问题"变换为"开放性问题"，将"开放性问题"变换为"封闭性问题"。

以下是从封闭性变换为开放性的示例。

"公司内部"的定义是？（C）→有公司外部人员参加的项目或会议该怎么办？（O）

这里也没有绝对的正确答案，把封闭性问题转化为开放性问题时，可以进一步思考"假设该问题的回答是……的话"。

另外，如果把开放性问题变换为封闭性问题，可以参考下面的例子。

如果说日语会受到惩罚吗？（O）→具体在哪种情况下说日语会受到惩罚？会受到什么样的惩罚？（C）

诸如这样，多提几个问题也 OK。如果按照"具体想知道什么"的思路来提问，就很容易把开放性问题转化为封闭性问题了。

此外，步骤③中被划分为 C/O 的提问，也可以转变为能够得到精准回答的提问。例如：

官方通告是"为了应对全球化"，但这是真正目的吗？（C/O）→"全球化"的具体定义是什么？（C）

实际操作后就会豁然开朗。针对问题是封闭性还是开放性，在两者之间互相转换，这样就能更清楚地知道自己真正想要了解什么，以及通过提问可以掌握哪些信息。

步骤⑤ 思考通过不同的提问分别可以得知什么信息。

试着把步骤④中总算弄明白的"通过提问可以获取什么信息"重新换种语言表述。"什么"信息并不需要特别具体。例如：

日常的杂事联络也需要使用英语吗？→【可知事项】每天的业务如何处理呢？

封闭性版本和开放性版本的"可知事项"既可能不同，也可能基本相同。以下是一个相同的例子。

"公司内部"的定义是？（C）/有公司外部人员参加的项目或会议该怎么办？（O）→【通过提问可知】"公司内部"的具体含义

以下是 C 和 O 各版本的"可知事项"发生变化的例子。

· 无法沟通的情况下该怎么办？（O）→【通过提问可知】具体发生了什么

· 如何确认能否沟通？（C）→【通过提问可知】把英语作

为通用语会遇到的问题；计划是否切实可行

像这样，"通过提问可知"也可以是多个。

步骤⑥ 思考提出各个问题时的最坏结果。

接着让我们来想一想提出各种问题时可能发生的最坏结果。无论是多么绝妙的问题，若是让别人恼羞成怒，无法挽回的话就大事不妙了。针对每个问题的封闭版本和开放版本，都要认真地思考提问后果，想象一下"如果这么问的话"会产生什么后果。

例如试想一下提出"如果因为不会英语得了抑郁症而因病休假，可以得到工伤补助吗"的最坏结果。可以设想到的结果有"联想到公司里传说中的职场霸凌，管理层大怒，员工的工作难以展开"。

写下最坏结果，思考一下自己是否能够处理。如果答案是"没有能力处理"，就在原来的问题上画一条删除线。

能够很好地处理"自己的"提问，就意味着可以对自己的提问负责。如果没有"这是我真正想了解的，就算提问后发生了无法预料的事情，我也可以自己处理"这种自信的话，还是不要提那种问题为好。

步骤⑦ 思考提问的目的。

虽然有点啰唆，我还是想强调一下提问的关键是——"什么人、在什么样的状况下、为了什么提问"。现在大家已经对首先应理解哪些状况、对哪些问题需要承担责任进行了思考，剩下来的就是想一想"为了什么而提问"。

大家平时是否注意过提问的"目的"？有没有经历过提问后话题逐渐偏离轨道的情况？

为了避免此类情况发生，请大家养成这样的习惯：关注自己"为了什么"而提问。如果有"自己是为了××而提问的"这种意识，即便话题稍微有点棘手，想到"是为了达成自己的目的"，就会对提问变得信心十足。

我们再试着回到"把英语作为通用语"的例子上来。如果你是公司员工，会以什么为"目的"进行提问呢？谈到目的，比起花费心思地去思考目的本身，不妨先试着问问自己："**如果通过提问，可以满足自己的一个愿望，那会是什么愿望呢？**"你想获得什么呢？是稳定的工作，还是受到上司的赏识，还是希望更多的人知道这个方案有多么可笑？

有人说"我没有愿望"，如果是这样的话，不妨想一想"希望今后自己身处的环境（本次提到的例子中环境就是公司）如何变化""希望他人如何评价自己""自我立场上是否有绝对不能触碰的界线"。这样思考出的答案会成为"提问目的"的重要线索。

例如,"唯一想要实现的愿望"是"稳定的工作",那么提问的目的就是"希望公司慎重考虑""通用语变为英语后,判断自己是否有能力执行"等。

也许"想要实现的愿望"还有"不想被人当作傻瓜"。

请把不太能大声说出的内容转变为"自己的愿望",不要自我否定,不要认为"自己就是渺小的存在"。大多数人都不想被人当作傻瓜,这也是不让自己掉价的重要"谋生手段"。自己所重视的事物就要承认其重要性,有了这样的认知,就会对自己的提问变得自信起来。

但是,当把"提问目的"转换为语言时,还有其他三点需要注意。第一点是**把目的限定为一个**。第二点是**不要以否定形式定义"目的"**。例如,"不想在会议上被人看作傻瓜"这种形式就是不可取的。因为如果把"不想被人看作傻瓜"作为目的,说点极端的,可能会演变成"可以被看作怪人(怪人和傻瓜还是有区别的)"。若是以否定形式定义,目的就会模糊,一不小心就变成了"除此以外的都可以"。因此可以把"不想被人当作傻瓜"这种否定表达转化为"想被人当作聪明人"这种肯定表达。

第三点就是严谨地使用措辞。

现在让我们回到本章开头的问题——"在初次到访的异国他乡,你患上了一种原因不明的疾病,于是去看了当地医生。为了辨明这位医生是否靠谱,请提出问题"。

该问题的提问目的是"辨明医生是否靠谱",但是"靠谱的医生"实际上可能包含了各种各样的解释,因此需要明确定义。是"医术高明的医生",还是"诚实可靠的医生(不弄虚作假的人)",抑或是"细致周到的医生(之后会把诊疗记录分享给我在日本的医生)"?如果事先不严谨地明确其定义,目的就会发生偏差,从而无法提出有效的问题。

顺便说一下,前面提到的参考答案——"万一这家医院没法解决我的症状,该怎么办呢"就是在把"靠谱的医生"定义为"细致周到的医生"的基础上所提出的问题。此外,"能否允许我对谈话内容录音"则是基于"靠谱=诚实可靠"的定义。因为提问时的思考依据是:允许录音的就是诚实可靠的医生,而拒绝的则是不诚实的医生。

步骤⑧ 选出符合"提问目的"的问题及思考依据。

这是最后一个步骤。在此前的问题列表栏中写上通过步骤⑦

已经明确的"提问目的"。如果提问目的是"确认英语作为通用语的方案是否可行"的话,那么可以列出以下内容。

关于"作为应对全球化的一环,从明年起我司将把英语作为通用语"的问题清单(最终版):

【目的】确认英语作为通用语的方案是否可行

*设想完最坏结果后,在判断为"无法处理提问的后果"的问题上加一条删除线。

・"通用语"的定义是?(C)

【变更】"日常的杂事联络也需要使用英语吗?"(C)【通过提问可知】每天的业务如何处理

→虽然知道英语的重要性,但是有必要把其作为通用语吗?(O)【通过提问可知】把英语作为通用语的必然性

・"公司内部"的定义是?(C)

→有公司外部人员参加的项目或会议该怎么办?是否不适用于公司内部人员在外参加会议的场合?(O)【通过提问可知】(C和O)"公司内部"的具体含义

・无法沟通的情况下该怎么办?(O)【通过提问可知】具体发生了什么

批判性思维

→如何确认能否沟通？（C）【通过提问可知】把英语作为通用语会遇到的问题；计划是否切实可行

·如果说日语的话会受到惩罚吗？（O）

→说日语会受到惩罚的话，具体在哪种情况下会受到惩罚？会受到什么样的惩罚？（C）【通过提问可知】（C和O）惩罚方案有多大的约束力？是否可行？

·官方通告是"为了应对全球化"，但这是真正目的吗？~~C/O【通过提问可知】（希望得知）~~公司的真正目的→"全球化"的具体定义是？（精准版本）【通过提问可知】全球化的含义

·如果因为不会英语得了抑郁症而因病休假，可以得到工伤补助吗？（C）【通过提问可知】公司会在保护员工方面做到什么样的程度呢？→英语变为通用语后，健康状况变差，如何证明"英语是罪魁祸首"？O【通过提问可知】逼不得已的情况下如何证明

接着从清单中选出 3 个可以达成"提问目的"的问题。一边考虑步骤⑤所做的"可知事项"，一边选出最接近目的前三位的问题。虽然根据不同情况，选择的问题可以是 1 个也可以是 4 个以上，但如果只选 1 个，可能会和别人雷同；选 4 个以上的话，

第 3 章　找到本质——解决复杂问题

范围又太宽泛，也许难以看清"自己真正想要了解什么"。

当提问的目的是"确认英语作为公司通用语的方案是否可行"时，假设你选出的 3 个问题分别是"日常的杂事联络也需要使用英语吗""是否不适用于公司内部人员在外参加会议的场合""如何确保能沟通"。

选择完毕后，思考你为什么会选择这些问题。

例如，选择"日常的杂事联络也需要使用英语吗"的依据就是"因为所有的沟通交流都用英语的话恐怕不太现实，希望通过该问题来确认方案是否真正可行"。此外，选择"如何确保能沟通"的依据是"无论再怎么强制大家使用英语，如果无法沟通也无济于事。通过该问题可以判断方案是否现实"等。

根据情况，**有时也可以通过删除法来提炼问题**。例如，心里很想知道"说日语会受到惩罚的话，具体在哪种情况下会受到惩罚，会受到什么样的惩罚"，但是因为某些原因胆怯而不敢提问，思考一下为什么会胆怯？这时脑海中或许会浮现出这样的依据——"这么贸然提问的话，就等于把自己不会英语的事情公之于众，会对自己不利"等。

选择什么样的问题，也是"意见"的一种形式。因为决定意见是否具有说服力的是依据，所以请踏踏实实地思考**"为什么会**

选择这个问题（或者不选择这个问题）"。

最后，我要出一道与前面风格稍有不同的问题，请大家再加把劲开动脑筋。

二、找到复杂问题的本质

"因为 A 带来的糕点不够按人头分配,我心想我不吃也没关系,但是 A 却不知为什么要两份。为什么 A 会说出这种话呢?明明她也知道东西不够分了。结果 B 说她也吃不了那么多,分了一半给我。一瞬间空气凝固,大家都觉得很尴尬。我心想 A 要是不带糕点过来就好了……我应该怎么办才好?"

问题

某人说出了她的烦恼。让我们一起向她提一个问题,解决她的烦恼吧!

*注意　该问题也没有"正确答案"。

提示

对她来说什么才能让她"豁然开朗"呢?

解决"不知道问题是什么"的问题

我先稍微解释一下。

本次的"提问目的"是"解决当事人的烦恼,使其豁然开朗"。可以使用本章学到的"有效提问的方法",也可以通过思考怎么做才能让人"豁然开朗"来解决这个问题。

当事人如果明白了"自己应该做××"中具体的"应做事项",她的烦恼自然就会解决吧。但是在不知道应该做什么事情的情况下,很多时候归根到底是不知道"希望事情如何发展""想要达到什么样的目的",所以可以试着问问她"你心中的理想状态究竟是什么"。当事人如果明确知道自己"究竟想要达成什么目的",稍后只要倒推为了达到目的应该做什么就可以了。

此外,如果事实与意见混在一起,不清楚什么是客观信息,什么是主观感觉,头脑就会混乱。只要问一问对方:"你能把刚才说的内容中的事实与意见区分开吗?"就能解除困惑了。

或者，深入了解事情的原委也是一个好方法。

虽然当事人询问了"我要怎么办才好"，但实际上她是否真的必须做些什么呢？可以了解一下为什么气氛会变得尴尬，当事人如果采取行动的话会产生多大的意义。在该事例中，可以问一问对方："你真的有必要做些什么吗？"

此外，头脑混乱的原因可能正是使用了模糊的措辞。所以可以问一问"气氛变得尴尬，具体是什么样的状况呢"？在回答问题的时候，当事人很可能会发现"啊？觉得气氛尴尬，或许是我自己在胡思乱想"。

参考答案

"你心中的理想状态究竟是什么？""你能把刚才说的内容中的事实与意见区分开吗？""你真的有必要做些什么吗？""气氛变得尴尬，具体是什么样的状况呢？"等。

/ 第 4 章 /

发现无懈可击的"依据"
——锻炼批判性思维

第4章 发现无懈可击的"依据"——锻炼批判性思维

一、培养依据力（1）

问题

"不懂外语的人也不会理解母语。"

以上是德国文豪歌德所讲的至理名言，请思考这句话的"依据"。

*注意

·这个问题也没有"正确答案"。

·这里并不需要歌德说这句话时所认为的那种"真正的依据"。请试着思考一下，就一般情况而言，有什么样的依据才可以说"不懂外语的人也不会理解母语"呢？

提示

请设想一下，歌德为什么会有那样的想法呢？

伟人的名言，就可以全盘接受吗？

"真不愧是歌德，说得可真好啊。"也许有的人会对歌德的言论过于赞同，想不出这句话的依据吧。

实际上，这里有一个陷阱。

我们平时在无意当中会"因为是伟人说的话"，所以不加判断地全盘接受，也会条件反射般地去批评别人："那种家伙说出来的话能信吗？"然而，意见的价值原本就不由"谁说的"来决定，而是由"说什么"来决定的。如果意见的好坏取决于"谁"说的话，那么所需要的就不是思考的能力，而是成为伟人的能力了。

而且，依据在很大程度上左右着"说什么"。正如序章和第1章里所说，好的意见离不开好的依据。

可是，世上存在很多"不是依据的依据"。

例如，刚才所提到的问题，就有可能会把"因为不懂外语的话，就不会理解自己母语的特性"作为依据。

第4章 发现无懈可击的"依据"——锻炼批判性思维

你知道这个"依据"有什么不妥的地方吗？这只是把歌德所说的"不懂外语的人也不会理解母语"换了一种说法而已，并不是依据。

所谓依据，是对"为什么要这样思考"的回答，而不是"说明这是怎么一回事"。就像名人名言这种长期收获人们认同的句子，每一个词都饱含深意，让人不由自主地想要解释其中的内涵，但是这里请注意，解释含义和提出依据完全是两码事。很多"不是依据的依据"听起来很有依据的味道，但是质量很差，也说服不了任何人，没有影响力。

对自己来说很重要的那些意见，我想大家对它们已经掌握了明确的依据。因此，在本章，我们要特别训练的是对于平时自己不太会提出来的那些意见，你能思考出多少依据来。通过掌握与平时不同的思考方法，无论何时被人询问依据，都不会以"我感觉……"来结束，而是拥有提出依据的强大能力。

应该如何获得"依据"呢？

在日本，很少有人讲依据，也很少有人听。"要说这是为什么呢……"想要作出解释的时候，可能会被说成啰唆、在讲大道理，而且向地位比自己高的人询问"为什么您会这样想呢"，多数时候也会被认为是没有礼貌的。

另外，在英国和美国等英语圈国家，询问他人所发言论的依据，是再正常不过的事了；在阐述想法的时候，提出自己思考的依据也是理所当然的事。因为过于理所当然，很多时候会省略because（因为）等词，开门见山地阐述言论的依据。

那么，回到刚才提到的歌德问题，其依据就是对"为什么会这样认为"的回答。要是这样的话，思考歌德名言依据的方法之一，**就是对着歌德提出"你为什么会这样认为呢"这个问题，想象一下歌德会给出怎样的答案。**

有人说，歌德太伟大了，想象不出来如何向他提问题，那么请试着思考"同样的话，如果不是歌德，而是身边的人说的呢"。

因为是"伟大人物"说的，所以就轻易接受了伟人的言论而停止了思考，那么一开始就把它设定为"这不是什么了不起的人"说的话就可以了。

我认为把既不喜欢也不讨厌的人，比如同事或者是邻居等没有特别感情的对象，设想成"没什么了不起的人"比较好。如果代入的是挚友或者尊敬的前辈的话，很有可能会认为"不愧是某某啊"而停止了思考；相反，如果代入的是自己的天敌那样的人，也会认为"都是一派胡言"而得不出依据了。

不过，经过不断刻苦努力而成功的人如果说"每天的努力是很重要的",会感觉"那个人说话具有说服力";而如果被经常迟到的前辈说"不要迟到",就会感觉"那个人说话没有说服力"。

我并不是说,当某人提出某种意见的时候,我们不应受他的生活方式的任何干扰,我们也许无法控制产生"那个人说的话有说服力/没有说服力"的感觉。但是,我们应当具备一个人的意见的价值不是由他的生活方式而决定的意识,在斟酌意见的时候,应当把阐述意见的"人"和内容明确地区分开来。

那么,我们以"比自己入职晚,但同龄的同事A先生"为意见的发表者来试着思考一下。A先生说"不懂外语的人也不懂母语",如果问他"为什么会这样认为呢",他会有怎样的回答呢?请发挥自己的想象力来思考一下。例如:

a. 因为最近读的论文里是这样写的。

b. 我被法语的音律之美所感动,突然间我觉得"也许有人认为日语也很'美妙'吧",从中我了解到日语的美好。

c. 以精通双语而闻名的X先生和Y先生,英语自然不在话下,他们看上去对日语也非常了解。

平时我们能列为依据的,主要有3种:数据和专家的见解、个人的经验、自己个人的想法。刚才所举的例子中，a 属于数据和专家的见解，b 属于个人的经验，c 属于自己个人的想法。

其中作为依据，最薄弱的是"个人的经验"。由于个人的经验多数是只适用于那个人（也许有的人不觉得"法语很美"，而且认为外语发音美妙的人也未必会想起自己国家的语言）。接下来，本章想特别训练的是"自己个人的想法"。请不要因认为别人"的确说得很棒啊"就停止独立思考，请努力让停止思考的大脑转动起来，创造出独特的依据。

参考答案

·有资料表明，学习外语能加深对自己国家语言的理解。

·通过自己学习英语而体会到的。

·某一事物和其他事物相比较时，会更加明确"某一事物"的本质，我认为这也同样适用于自己国家的语言，等等。

那么，让我们再来看一个问题。

二、培养依据力（2）

问题

请思考漫画《灌篮高手》中的台词"如果放弃了那么比赛就到此结束了"的依据。

＊注意

·这个问题也没有"正确答案"。

·这句话借用了井上雄彦先生的漫画《灌篮高手》中的一句著名台词，但你没有必要对说这句台词的出场人物进行调查，没有必要思考其中的"真正的依据"。一般来说，要思考的是什么样的依据才能让这个"结论"具有说服力。

·如果身边的人（可以想象成学生时代一起参加社团活动的同

班同学）这样说的话，就问他"为什么会这样认为呢"，请想象一下他会如何回答。

提示

所谓依据到底是什么？请重新思考一下这个问题。

"依据"不等于"换句话说"

实际上，我自己也对这个问题苦苦挣扎过。即使明白依据≠说明，也会想要回答成"因为，放弃了就什么都无法开始了""因为放弃就等于放弃了机会"。但是，仔细想想，"比赛结束"也好，"什么都无法开始"也好，"放弃机会"也好，表达的都是同样的意思吧，这不是"依据"而是"说明"，只是用自己的话换了一种说法。

在课堂上讲解这个问题的时候，大家也跟我一样，不是用"依据"，而是以"换句话说"来回答的。如果问到"A 就是 B"这样看起来具有真理性的句子的依据时，大家不是回答"为什么会这样想呢"，而是会回答成"为什么会这样说呢，我来换一个通俗易懂的说法吧"。

因此，为了避免"打着依据的名号来换句话说"，可以尝试"首先换成自己的话 → 思考依据"这样的方法。只要意思没有太大的跳跃，可以随意换成其他说法。例如：

"如果放弃了那么比赛就到此结束了。"
→换句话说"如果放弃了就什么都没有了。"

你觉得我是在说理所当然的话吗？顺便说一下，这个"换句话说"是"区分事实和意见"中的"意见"部分。每个人的意见都不一样吧。也就是说，即使是"理所当然"的内容，也许也会有人对此持反对意见。那么，试着将这句话（"换句话说"）换成相反的意见。

相反的意见："即使放弃了也会有所收获。"

接下来，请思考"相反的意见"的依据。例如：

因为我（我们）即使什么都不做，也会产生些什么；

因为意志不会创造一切，等等。

无论是多么可贵的话语，意见就是意见，没有依据、不能去反驳的话那就不正常。因此，为了切实体会到"无论是多么可贵的话语，也不过是一种意见"，我们应该大胆地提出相反的意见，思考依据，有意识地去认为"说到底这与平时同事提出的'意见'是一样的"。

说到这里，让我们回到前面提到的"换句话说"（"如果放弃了就什么都没有了"）。然后，为了更容易找出依据，请试着将其变成"一种意见"的形式。把句子的结构变成"我认为可以这样说……要说我为什么这样想的话……"例如：

"我认为可以这样说，如果放弃了就什么都没有了。要说我为什么这样想的话……"

你的脑海中差不多能浮想出依据了吧。也可以将刚才"相反意见"中想到的依据作为提示。先列举几个参考答案吧。

参考答案

以下依据是将"比赛"换成"可以产生出什么的状态"之后得出的。

· 因为人们大多是在自己积极推动的时候感到"产出"了什么。
· 因为很多人都是放弃了就什么都没有了,等等。

那么,我们再培养一下绞尽脑汁想出平时不会思考的依据的能力吧。下面的问题也没有"正确答案"。

问题

1. 请想一个自己可能会提出的意见。
2. 把 1 的意见变成"相反的意见",列举出能想到的依据。

参考答案

· 1 "作业应该快点做完。"
· 2 相反的意见:"作业不用快点做完。"

依据:"不做作业也不会死""因为人生是快乐的""如果作业＝上司吩咐的工作,过了几天上司的心情和状况发生了改变,这个工作本身可能就变得没有必要了",等等。

怎么样？和之前相比，能顺利想出依据了吗？

三、从目标中发现依据

问题

今天你必须参加一个会议,但是却提不起兴趣。距离会议开始还有 5 个小时。召开会议的地点在 A 公司,从办公室出发,乘坐电车 30 分钟可以到达。你所在的公司和 A 公司在几年前就已经建立了共同项目合作关系。

请想出一个合理的不去开会的理由。

＊注意 这个问题也没有"正确答案"。

提示

对想要达到的目的和可能会发生的最坏情况进行思考吧。

在解答这个问题的时候，①**看清目标**→②**将依据进行头脑风暴**（brainstorming）→③"**实际传达之后，最糟糕的情况会是什么**"，请以这样的顺序进行思考。这个思考方式，也适用于传达难以启齿的事情。

① 决定目标

这次虽然是以逃避会议为目的，但并不是说只要不去参加就可以了，而是要想一个合理逃避会议的理由（为了慎重起见这里要说明一下我并不是在推崇缺席）。

那么，先设定一个目标。请思考通过传达"想要缺席会议"，**自己最终想要得到什么**。是不管对方的脸色有多难看，总之就是想休息一下呢？还是说，在偷懒的同时还想和对方保持良好的关系？你应该思考的是"最终的目标"。请慎重地考虑，锁定一个目标。

假设把"想和对方保持良好的关系"设定为目标。决定了目标之后，就应该考虑有可能达到这个目标的"偷懒"依据（借口），进行头脑风暴。

② 通过头脑风暴提炼依据

进行头脑风暴的时候，不要去评价"这样愚蠢的依据不靠谱"或者"这个依据高明"等，只要理论上可以达成目标，也就是说只要是能与对方保持良好关系的依据，什么都可以列举出来。要是那个同事的话他会说什么呢？高中时期的那个损友会怎么说呢？可以以自己以外的视点来进行想象。

头脑风暴的结果，比如列举出了以下依据。

（例）

有可能达到"想要和对方保持良好关系"这个目标的"偷懒"依据：

"昨天开始有点发烧，可能是流感。不能传染给大家。"

"突然发生了纠纷不得不去处理。"

"母亲突然住院了，现在得赶紧去医院。"

③ 考虑最糟糕的情况

列举出依据后，针对每一个依据，思考其最糟糕的情况。在第3章也提到过，即不论是提出问题还是依据，想要传达某件事情的时候，请一定要先问问自己"传达这个之后，可能发生的最糟糕的情况是什么"。一方面是为了不让自己后悔（"不应该是这样的"），另一方面也是为了确认自己能对自己说的话负责。

那么，在传达上述"依据"的情况下，会发生的最糟糕的情况是什么呢？针对每个依据列举出一个设想就可以了，但如果有多种方案的话，就列举出能想到的部分。尽可能写得具体一些。

（例）

说出依据后，会发生的最糟糕的情况：

・"昨天开始有点发烧，可能是流感。不能传染给大家。"→第二天在那家公司附近的餐厅有约会，如果在那儿不小心遇到对方了，信任就会瓦解

・"突然发生了纠纷不得不去处理。"→没有发生纠纷的事情败露了就会失去信用／会被认为处理纠纷的时间太长了＝没有能力

・"母亲突然住院了，现在得赶紧去医院。"→这话应验了，母亲真的住院了

虽然以"想和对方保持良好的关系"为目标来思考依据，但是把最糟糕的情况写出来会发现，导致被认为没有能力、失去信

用、关系产生裂痕的依据还是很多的。

另外，即使是保持了良好的关系，"'母亲突然住院了，现在得赶紧去医院'灵验，母亲真的住院了"又怎么办呢？如果现阶段担心"会不会应验呢"，那么即使母亲在 20 年、30 年后住院，到那时也许也会认为是"当时撒谎的报应"。如果这个依据让你有"糟糕的情况成为现实，我就活不下去了"的感觉，最好还是不要说出口。如果第二天与其他人的约会可以延期，那么能说出口的大概就是"流感"这个依据吧。

/ 第 5 章 /

培养语言表达能力
——了解你的语言

一、检测语言能力

问题

1. "今天很开心！下次见。😄"

2. "明天的会议，请多关照。🙂"

3. "是吗，期末考试没能合格啊。那真是太可惜了。😨"

请把上方的表情符号转换成你自己的语言。

*注意

·这个问题也没有正确答案。

·1—3 的语境，可以自由设定（例如 1 设定成"时隔 10 年与高中时代的朋友重逢"等）。

提示

如果没有这些表情符号，会怎么样呢？请思考一下。

1. 那些表达，表现出自己怎样的心情？

我认为在手机短信中使用表情符号，大多数情况下是因为觉得"仅仅是文字的话感觉少了点什么"。所谓"少点什么"究竟是什么呢？自己想在这个"表情"中注入怎样的感情呢？上面问题的意图就在于，试着把表情符号包含的感情用语言表达出来。通过把自己想传达的情感**替换成自己的语言**，来磨炼思考能力的根本——"语言能力"。

把表情符号重新换成语言文字出乎意料地困难吧。之所以觉得难，也许是因为已经习惯使用表情符号，也可能是因为平时对语言没有太多的意识。

思考是需要彻底运用语言来体现的，**语言经常伴随着"思考能力"，是其主要原料**。如果主要原料很粗糙，那么思考也会变得粗糙。

大家在使用惯用的行业用语，以及"贴近顾客""尽最大努力""××优先"等耳熟能详的词语时，是否确认过它们具体表明了什么意思呢？要有意识地问自己，自己在表达什么意思的基础上使用这个词,这个词用得真的合适吗?所谓思考,就是要经常认真地对待作为主要原料的语言。

例如,在思考新商品企划的时候,假设认为"现在对此类产品有需求"。

那么,"现在"指什么时候呢?这1年,这10年?"这10年"指从现在起到10年后,还是数年前到数年后?"数年"又具体指多少年?"10年"的根据是什么?又或者是指"今后"?

另外,"有需求"的意思是什么呢?是"有所需要""容易引起共鸣""虽然现在没有需求但是以后会有"等。仅仅是"现在"和"有需求"这两个表述就有很多值得思考的地方。

进一步来说,"现在有需求"究竟指的是哪里呢?既然有所需求,就必须在一定程度上限定地区。日本?世界?"世界"指一部分发达国家?或是按照"世界"的字面意思,所有的国家和地区吗?假设地区为"日本",日本的谁需要呢?年轻人,城市里的富人阶层,还是……

要思考的内容变得非常多了,但是"思考",也就是说好好运用语言本来就是这样的。我仿佛听到有人说,这样一一追问每个词的意思会很累,而且没有那么多时间。

但是,我想重申一下,**那样的话只会产生出粗糙的想法**。

- "现在，有需求"将其具体化

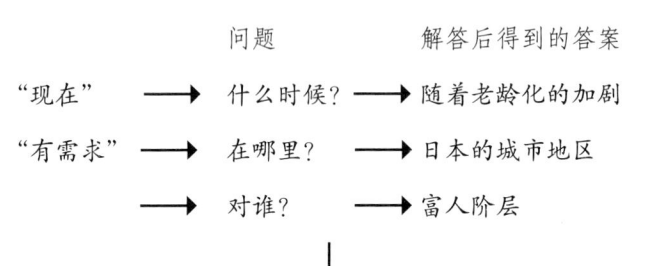

	问题	解答后得到的答案
"现在" →	什么时候？ →	随着老龄化的加剧
"有需求" →	在哪里？ →	日本的城市地区
→	对谁？ →	富人阶层

↓

"随着老龄化的进一步加剧，日本的城市地区和富人阶层有所需求"

我认为这种程度的"思考"，只要用看手机的间歇，就可以做到。

假设就刚才所说的"现在所需的新商品"的每一个词都进行详细的解释，会怎么样呢（参照上图）？

最初只是笼统地认为它是"面向现在的商品"，现在可能会转变成"随着老龄化的加剧进而需求增加，面向城市富裕阶层的商品"。通过不断地追问"自己在何种意义的基础上使用这个词"，思考就会变得顺畅，并且找到突破口。

而且，最重要的是，**好好理解语言的意思，也是对自己的想法负责。**

表达想法和意见是一种自我表现。使用没有理解其意思的词进行思考，并传达给大家"这就是我"，这样太过于可怕。嘴上说着"这就是我"，却不理解它的实质。

另外，在正确理解其意思的基础上使用词语，也是与不同文化背景的人进行交流时所必备的技能。我们都希望使用准确的语言，经过认真的思考，堂堂正正地传达"这是我的想法"吧。

本章，我们将彻底思考语言的含义。通过在头脑中形成思考语言含义的回路，来磨炼思考能力。

2. 表情符号的解读技巧

现在来说一下前面提到的表情符号的问题。

把表情符号转换成语言的话，容易想到的是"笑眯眯""悲伤"等常见的表达感情的词语。

但是，重要的是你想在各个表情文字里注入怎样的含义。

可以问问自己"我想通过使用这个表情符号表达什么呢"，也可以思考"假如没有这个表情符号会怎样"。如果"今天很开心！下次见"和"明天的会议，请多关照"里没有加上表情符号，你认为各条信息会给人留下怎样的印象呢？

今天很开心！下次见

今天很开心！下次见 😁

如果只说"今天很开心！下次见"，感觉没有传达出自己有多么开心或已经从兴奋中冷静下来；加了笑脸，那么答案就可以是"真的很开心""还没有从兴奋中冷静下来"等。

同样地，如果感觉"明天的会议，请多关照"过于死板，可以说成"想用微笑的面容来稍微缓和一下拘谨的商务气氛"。

参考答案

1. "真的很开心""还没有从兴奋中冷静下来"等。
2. "想用微笑的面容来稍微缓和一下拘谨的商务气氛"等。
3. "我也很震惊"等。

3. 磨炼语言表达能力

"这句话对我有什么意义呢？"希望大家能够经常意识到这一点，磨炼对语言的感觉。不过，也许很难做到"经常意识到"。那么，比如说，在工作中发邮件的时候，一定要问自己"**我使用的这个词语是否真的合适**"，像这样给自己制定规则如何呢？

第 5 章 培养语言表达能力——了解你的语言

因为老师这个工作性质,我经常会对学生的作业进行讲评,即使同样是表扬,我也会不断思考,什么能感动我,用什么样的语言来表达我能接受。精彩、佩服、精华、心灵为之一颤、为之拜倒的想法……从自己的词汇库当中找出词语,来仔细斟酌这个是否合适,那个是否合适。

请大家思考一下,在写工作邮件的时候,比如说,是用请"继续"多多关照,还是用"今后"还请多多关照呢?即使同样是今后还想与对方继续保持工作关系,"继续"和"今后"显然是不一样的。在我看来,"继续"的意思是,对一起合作项目的对方说"关于这件事一直以来承蒙您的关照,以后也拜托了",而"今后"给我的感觉是"某个议案虽然结束了,但不要就此结束"。

每天对语言进行思考,毫无疑问会提高思考能力。思考是一种习惯,请一定要养成这个习惯。

那么,让我们再来做点关于词语含义的训练。

二、以词汇的意义为突破口

问题

现有红、蓝、褐、白、绿 5 种颜色的橡皮筋各一个。如何利用全部的橡皮筋创造出最大价值,请思考一个方法。

* 注意

· 可以使用除了橡皮筋以外的东西。

· 这个问题也没有"正确答案"。

提示

思考"最大价值"的定义。

什么是"最大价值"?

这个问题是从描写斯坦福大学课堂情景的图书 *What I Wish I Knew When I Was 20*(蒂娜·齐莉格著，日文版《真希望我 20 岁就知道的事：斯坦福大学集中讲义》，由 CCC Media House 出版) 中而来，经过少许改编，目的是让大家真切地感受到对语言的思考是如何取得突破的。

首先来讲解一下问题的解答方法。

这个问题的要点在于，怎样抓住"最大价值"，以及怎样思考 5 种颜色橡皮筋的意思和意义。它有 2 种解答方法，一种是从"价值"的意义出发进行思考，另一种是从橡皮筋的特性出发进行思考。请选择易于执行的方法。

1. 从"价值"的意义出发进行思考的模式。

① 思考想要创造出怎样的价值 → ②把五色橡皮筋和"最大价值"结合起来 → ③思考创造价值的具体方法

2. 从五色橡皮筋的特性出发进行思考的模式。

① 思考五色橡皮筋的特性 → ②列出"5 种颜色""橡皮筋"可以做的事 → ③思考从中可以创造出怎样的价值

那么从 1 开始按顺序进行说明。

1. 从"价值"的意义出发进行思考的模式

① 思考想要创造出怎样的价值

听到"价值"你会想到什么呢？经济上的价值？用金钱买不到的价值？如果对"价值"的印象有所偏颇，思考就会变得狭隘。**首先我们通过查阅字典来确定一下其定义。**通过查阅《广辞苑》，我们知道"价值"的定义主要是："有用性和有意义等，对事物的'有用程度'。""经济上的价值。""善和爱等，被人们认为'好'的性质。"

明确了定义之后，让我们先暂时忘记橡皮筋，请试着思考一下对自己来说最重要的价值是什么。没有头绪的时候，请试着想象一下"你认为某人一定想要完成的事"。如果某人实现了他一定想要完成的事，那么也可以称之为价值吧。

但是，那个"某人"指的是谁呢？自己，日本社会，还是人类？

在本章开篇部分，我们说了在思考"现在有需求"的意思的时候，重要的是要思考"什么时候""在哪里""对谁"有需求。在思考语言含义的时候，**也要像这样，必须限定什么时候、在哪里、对谁的语境。**

假设这样思考之后得出的结果："对谁"是"对全世界人们"，"什么时候"是"今后"，"价值"是"平等"。

这样的话，就要思考这个价值可否称为"最大的价值"。如果"对全世界人们来说的平等"可以称为"最大的价值"的话，那这样就可以了，如果不能称之为"最大"的话，就要把它提升到最大水平。

例如，如果是"财富"，提升到最大水平就是"巨大的财富"；"温和"就可以提升为"像母亲那样温和"。不必是客观上的"最大"，只要对自己来说是"最大"的就可以，比如"像母亲那样温和"。重要的是，将自己思考得出的"价值"提升到对自己来说最大的水平。

② 把五色橡皮筋和"最大价值"结合起来

这里让我们以"平等"作为例子来思考。

虽然最终我们要思考使用 5 种颜色的橡皮筋实现"平等"的方法，但是一上来就思考"用 5 色橡皮筋创造出平等"，也许无法进行下去吧。

那么，换一种问法：

"5色橡皮筋和平等的共同点是什么？"

"如果强行把5色橡皮筋和'平等'结合在一起，你会怎么做呢？"

这样思考看看，会想到什么呢？

想不出来的时候，请思考5种颜色橡皮筋的特性，扩大联想。如果手边有橡皮筋（1种颜色即可），实际拿在手里摆弄一下，就会更容易产生联想。

（例）

5色橡皮筋的特性：

圆形；红、蓝、褐、白、绿5种颜色；全部连在一起就能做出花样；可以伸缩；可以像手镯那样套在手腕上，等等。

接下来，从列举的特性中，选出可以与"平等"联系在一起的特性。"圆形"如何呢？"把橡皮筋摆成一个完美的圆，从中心点出发与圆周上的任意一点相连都是平等的长度。如果不是完美的圆形那就无法平等，也就是说，没有努力就没有平等。"

第 5 章 培养语言表达能力——了解你的语言

像这样，将橡皮筋与平等连接在一起的时候不断地讲道理就可以了。除此之外，也可以用橡皮筋制作呼吁平等的标志和手环。

而且，既然有 5 种颜色，那么就可以给每种颜色赋予意义。比如试着像这样，红色代表男女平等，蓝色代表种族平等……或者，试着把 5 种颜色的橡皮筋比作五大洲，用 5 种颜色来表现地球。

这个问题没有"正确答案"，请尽情地享受自己的创意，不断扩展构思。

③ 思考创造价值的具体方法

以②得出的结果为基础，思考具体的创造最大价值的方法。下面举例说明。

· 红色代表男女平等，蓝色代表种族平等，白色代表自己想要达成的身边的"平等"（所有员工的平等，家庭内部的平等，等等）……像这样为 5 种颜色的橡皮筋各自赋予意义，把自己最在意的"平等"的橡皮筋像手镯那样戴在手腕上。戴着橡皮筋的时候，为了促进那项"平等"实现而行动，作出贡献后，就把橡皮筋托付给其他人，将平等传递下去。

・把一个个橡皮筋比作大陆，把各个橡皮筋连接起来做成花一样的图案，来表现"地球"。以此作为"地球上的人类都是平等的"的象征，在小学和自治团体等地方使用，等等。

那么，再让我们来解读另一种解答方法：从橡皮筋的特性出发进行思考的模式。

2. 从 5 色橡皮筋的特性出发进行思考的模式

① 思考 5 色橡皮筋的特性

刚才的思考方式主要是把"价值"的含义用语言表达出来，接下来的重点是对"5 种颜色""橡皮筋"的含义和可能性进行多样的思考。

在思考特性的时候，我认为把"5 种颜色（红、蓝、褐、白、绿）"和"橡皮筋"分开来思考比较好。因为将"5 色橡皮筋"放在一起思考的话，在想到颜色的时候，意识总会跳跃到橡皮筋上，导致思考很难专一。

・5 种颜色的特性

可以识别，各种颜色都可赋予其意义，等等。

·橡皮筋的特性

可以伸缩，不用特意去买手边就有，卷在什么东西上就不容易打滑，弹开的话会痛但不至于受伤，等等。

② 列出"5 种颜色""橡皮筋"可以做的事

接下来，列出"5 种颜色"或者"橡皮筋"可以做的事，也就是根据橡皮筋这个材料和它的构造能做到的事。5 种颜色或是橡皮筋，请选择一个最容易联想的。这里以"橡皮筋"为例进行说明。

在思考只有橡皮筋才可以做的事时，请注意刚才所列举的"特性"。

例如，利用"卷起来就不容易打滑"这个特性，可以想到"像铅笔那样容易滚落的东西缠上橡皮筋就不容易掉落，手也不容易打滑"。

另外，不必局限于一种特性。利用"可以伸缩"和"通常手边就有"的特性也可以"制作简易弹弓，捕获猎物"。

橡皮筋

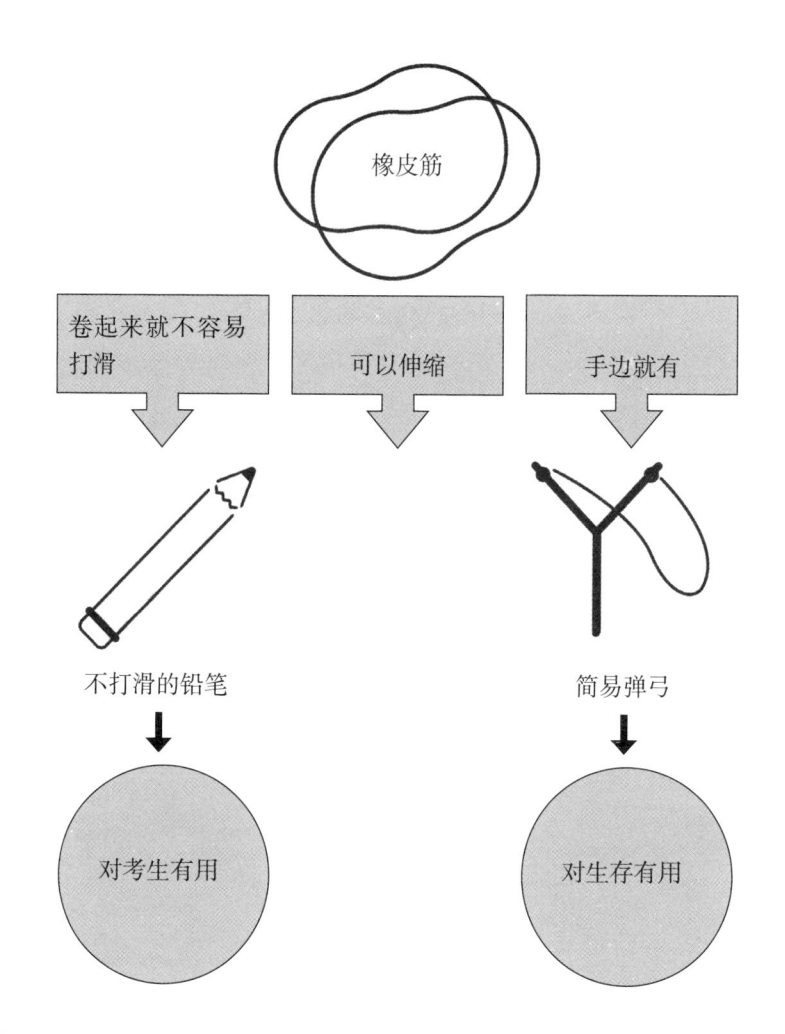

| 卷起来就不容易打滑 | 可以伸缩 | 手边就有 |

不打滑的铅笔

简易弹弓

对考生有用

对生存有用

③思考从中可以创造出怎样的价值

接下来思考"橡皮筋可以做的事"能创造出什么价值。可以设想一下**"橡皮筋可以做的事"在什么样的场合会让对方高兴呢**?因为"令人高兴"就意味着从中产生了某种价值。

例如,"像铅笔那样容易滚落的东西上缠上橡皮筋,就不容易掉落,手也不容易打滑"用在什么场合会让对方高兴呢?铅笔滑落了就会造成很大损失的场合……考场怎么样?考生在考试中,铅笔滑落到地上就会焦虑,也会浪费时间,最重要的是对"掉落"这个词非常敏感。在铅笔上缠上橡皮筋就可以安心了。

另外,如果是"制作简易弹弓可以捕获猎物"的话,可以用于在漂流岛上野外生存。

接下来就是如何有效利用"5种颜色"了。思考在橡皮筋有用武之地(可以创造出价值)的场合中如何有效利用5种颜色的特性。

这里也参考刚才列举的"5种颜色的特性"的例子。"各种颜色赋予其意义"这个特性,似乎可以给"考生的铅笔"增添附加价值。例如,"红色代表努力,白色代表相信自己,绿色代表健康等,被赋予意义的橡皮筋缠在考生的铅笔和橡皮上。既可以作为护身符的替代品,也可以防止铅笔和橡皮掉落,还可以减少心灵的伤害",可以创造出"考生的心灵支柱"这个最大的价值。进一步来说,如果以 5 种颜色为 1 套,作为"考试配套商品"来出售的话,也许可以挽救当地的橡皮筋工厂,这样也可以创造出"最大的价值"。

以这个模式思考的时候,"橡皮筋(5 种颜色)可以做这样的事,还可以做那样的事,这样的话,可以令人高兴吧。"像这样不断地扩大联想,就更容易扩展创意。另外,思考②中"5 种颜色"可以做的事时,要在考虑"5 种颜色能做到的事"让对方高兴的同时,有效利用橡皮筋的特性。

最后,请试着再做一个类似的问题。这是一个如何用自己的方式把握"经费""限制时间""至高无上的快乐"等概念的含义,并且把自己设置的含义和原创想法结合起来的问题。无论是刚才的橡皮筋问题还是这个问题,磨炼的要点是,为了从有限的资源中创造出有趣创意。

三、从有限的资源中产生新奇创意

问题

利用 500 日元的经费,在 1 个星期内,如何获得至高无上的快乐?请思考其方法。

* 注意

·这个问题也没有"正确答案"。

·除了可支配经费以外,可以利用自己拥有的任何东西,像手机或人脉等,唯独不可以使用额外的金钱。可支配经费只有 500 日元。

提示

准确定义问题中的词语。

批判性思维

明确词语的"定义"

这个问题也是少许改编了图书 *What I Wish I Knew When I Was 20* 中所介绍的内容而来的。

解答这个问题时应该注意的是以下 3 点:

1. 用自己的方式定义"至高无上的快乐"("对谁"来说快乐?另外,为什么说那个方法能被称为"至高无上的快乐"?思考其理由)

2. 500 日元经费(500 日元不一定要全部用完)

3. 限定 1 周时间(1 周以内完成的话,用 1 分钟也可以,用 3 天也可以)

定义"快乐"的时候,要尽可能任意地思考。请回忆一下,你平时会因什么事情感到快乐呢?

然后,500 日元有什么用途?请尽情地提出想法吧。

你想到了怎样快乐的方法呢?以下是 1 名小学生和 2 名大学生的解答。

参考答案

· 使用 500 日元乘坐电车到妈妈的公司。紧紧地拥抱妈妈之后，再坐电车回家。妈妈喜欢被拥抱的感觉，而且我可以看到妈妈非常高兴的样子，这对我来说是至高无上的快乐。

·用 500 日元买两罐啤酒，和恋人爬山，一起在山顶喝啤酒。为什么说这是至高无上的快乐呢？

①因为我特别喜欢爬山；

②因为登山之路有很多艰辛，克服了艰辛之后的啤酒特别好喝；

③因为和最喜欢的人一起喝的啤酒是最好喝的；

④因为山顶的绝佳景色是最棒的。

·把 500 日元硬币放到衣服口袋里，这 1 周都在思考"这 500 日元有什么用途呢"？

捐赠、存起来、买彩票、买喜欢的东西、给弟弟、代替文镇而使用……认真思考如果一天的收入是 500 日元的话会怎样，假设把 500 日元捐献出去会有怎样的贡献——关于金钱，关于自己能做到的事，我从来没有这样持续地思考过。能有这样了不起的经历，对我来说就是"至高无上的快乐"。

第6章

怀疑常识,避免"自以为是"
——保持灵活性

第6章 怀疑常识，避免"自以为是"——保持灵活性

一、怀疑常识

问题

有一天，非常喜欢睡觉的 A 先生想把睡觉当成工作。

请尽可能地列举出"睡觉是工作内容"的职业。

* 注意

·"睡觉"的意思是"躺下（也包括睡觉）"。

·"工作"指的是会产生报酬的劳动。

·这个问题也没有正确答案。

提示

看似负面的事物，请试着思考一下它们的优点。

批判性思维

"解决问题"需要灵活变通

前面这个问题,是为了强化解决问题的能力。请允许我稍微解释一下,把睡觉当成工作的方法和解决问题有什么关系。

关于问题解决能力的重要性,我想大家已经十分清楚了,在本书开篇介绍的"十大必备技能"中也排在第一位。

为什么"问题"会被认为是"问题",是因为没有得到解决。为什么没有得到解决,大多是因为现有的方法无法顺利进行。**如果现有的方法不能顺利进行,那只有去寻找现在没有的方法。**

"把睡觉当成工作"这个问题,也是从描写斯坦福大学课堂情景的 *What I Wish I Knew When I Was 20* 这本书中得到的灵感。据说在斯坦福大学,教师会让学生在纸上写出最好的解决方案和最差的解决方案,然后当面把最好的方案撕毁。因为**人们通常认为"最好"的解决方案大多都是些陈词滥调**,不过是众所周知的东西。

另外,把最差的解决方案交给其他学生,让他们想办法变成出色的方案,由此会产生出非常独特的方案。我也会让大学生做同样的课题,"不可能"的方案着眼点往往不同,实际上也会产生出非常有趣的创意(之后我会报告都产生了怎样的创意)。

第6章 怀疑常识，避免"自以为是"——保持灵活性

问题一旦得到解决，就会觉得很简单。在哥伦布那个有名的故事中，他在认为"把鸡蛋立在桌子上是不可能的"的人面前，把鸡蛋底部弄碎立在桌子上给他们看。在别人告诉我们之前，我们为什么不能发现"最简单的"解决方法呢？

其中的一个原因，就是主观想法。认为鸡蛋立不起来的人们认定"不能把鸡蛋弄碎"。而且大多数时候，我们都没有意识到自己这样的想法。

把目光特意投向自己认为"不可能"的事情，思考"如果这个可以实现的话"，试着怀疑自己的主观想法。如果做不到这一点，就无法发现可以解决问题的"目前没有的方法"。

"把睡觉当成工作"这个问题，是为了锻炼**将认为不可能的事升级为可能的事的思考方式**。如果可以做到这点，就可以掌握灵活解决问题的能力。除此之外，本章还将磨炼与解决问题相关的随机应变的思考能力。

1. 把睡觉当成工作的问题解答方法

要解答"把睡觉当成工作"这个问题，就要思考"睡觉"的优点。因为是工作，所以要想出正因为"睡觉"才有的优点。

具体来说有以下两点。

①从不睡觉就无法创造出的商品的角度来思考
②从睡觉能创造出的东西的角度来思考

让我分别来进行说明。

① 从不睡觉就无法创造出的商品的角度来思考

"把睡觉当成工作",换句话说,就是睡觉是这个工作不可或缺的行为。

"有什么工作是必须睡觉的?"如果能立刻得到答案的话是最好,但是如果觉得困难,或者是想要进一步扩展思路的话,就请试着改变思考方法。

以工作的地方通常会产出商品、服务和系统等为前提,思考**"不睡觉就无法创造出的商品都有什么"**。如果没有人来试着睡一觉,就无法明确其好坏和改善点的商品和服务,你能想到什么呢?

与"睡觉"直接相关的,是伴随睡觉这个行为的事物——寝具、睡觉时的纸尿裤、助眠产品等。那么好像可以从事"测评寝具舒适感的寝具开发人员""纸尿裤和助眠产品的评价人员""提升胶囊旅馆睡眠舒适度研究"之类的工作。进一步拓展"助眠产品"的话,还可以产生"开发减轻褥疮的商品"等的想法吧。

② 从睡觉能创造出的东西的角度来思考

这次的问题限定了是会产生报酬的"工作",但是人们通常不会向只是在呼呼睡觉的人付钱。必须从睡觉这个行为中发现价值,让人觉得"这是值得付出金钱的"。

那么,就要思考睡觉到底能产生出什么价值。突然要说出"睡觉的价值"可能有点困难,首先不管有没有价值,请试着尽可能地列举出我们能想到的睡觉可以产生的事物。

(例)

睡觉能产生出的事物列表:

· 气息

· 鼾声

· 磨牙

· 压平褶皱

· 占用空间

· 温暖的温度,等等

如果对"睡觉能产生出的事物"印象比较模糊，那么在准备阶段，可以试着思考"关于睡觉这个行为，你都知道些什么"。"关于××，你都知道些什么"这个问题，是解决问题的必问问题。通过它可以确认是否对问题有一个明确的理解。

列举出所知道的事物后，可以再将其升级为"能产生的事物"。例如，如果你知道睡觉是"需要一定程度的空间"的话，或许"占用空间"就可以成为"睡觉能产生出的事物"。

另外，有的人可能不擅长"尽可能多地列举"。这样的情况下，我认为进行分类思考会比较容易，举例的列表也可变成如下分类。

- 从口中产生的事物→气息、鼾声、磨牙
- 从身体产生的事物→压平褶皱、占用空间
- 从身体周围产生的事物→温暖的温度

制作"能产生的事物列表"也是如此，这里最重要的是，不要排除你认为的理所当然"没有意义"的事物（例如，"需要一定程度的空间""被窝里变得暖和"）。

请回想一下斯坦福大学课堂上发生的事。比起常识上认为是

"看起来好"的事物，那些"看起来不好""没有意义"的事物里，往往隐藏着巨大的可能性。

如果"能产生的事物列表"里有能够成为"工作"的事，那就可以把它作为答案（例如"压平褶皱"→"压平褶皱的店铺"）。

2. 设定语境和情景

在什么都想不出来的情况下，有一种方法是强行设定语境和情景。心理学上也常说，人们很难把没有关联的两个事物联系在一起，但是如果在两者之间赋予特定的语境，那么就容易做到了。

因此，请在"能产生的事物"和"工作"这两个乍一看毫无关系的事物之间，试着赋予各种场所和情景。试着把职场中能想到的场所设定为"语境"吧，"工厂""办公室"如何？在"工厂"这个语境下，把"压平褶皱"和"工作"联系在一起，比如可以在工厂内铺上褥子，设立不用电就能除去衣服上面褶皱的"压平褶皱行业"。另外，在"办公室"这个语境下，把"占用空间"和"工作"联系在一起，"为了减少只顾着偷懒的员工，设置在通往休息室的通道上铺上褥子睡觉的工作"，如何？

两者看起来都没什么意义，但请试着去想正是因为没有意义，如果实现了的话会如何？强行把它当作现实，通过进一步的思考，激发出没有意义的想法中所蕴含的力量。

如果是在工厂的"压平褶皱行业"，在停电的时候既可以作为"人力熨斗"作出贡献，同时，工厂的一角也提供了可以让人舒适睡觉的场所；在不用电的情况下就能除去衣服的褶皱，还可以为减少二氧化碳作出一点贡献……等一下，这也许还可以成为一个兼职岗位——思考源源不断地涌现出来。

另外，"堵住通往休息室的通道的工作"，如果这成为现实，或许员工会产生抱怨。抱怨会让大家讨论进一步的问题："把路堵住，是为了减少只顾休息的员工，但究竟为什么要休息这么长时间呢？"也许它可以创造一个改善业务内容和劳动环境的契机。

参考答案

"审查寝具舒适感的寝具开发员""压平褶皱的店铺（无需任何电力就能熨平衣服）""陪睡业务"等。

也许有人会觉得那样不现实，但是把用于包装的气泡膜变成可以一直按压的"无限气泡"玩具很受人们欢迎；从"橡皮的棱角变圆后就会失去了便利性"这个想法中，人们想到了增加它的

第 6 章 怀疑常识，避免"自以为是"——保持灵活性

"棱角"，进而出现了"多棱角橡皮"等。也就是说，确实存在一些把"没什么意义"的想法巧妙商品化的产品。

那么接下来，让我们试着来做一下刚才介绍的，斯坦福大学提出的"把最差的方案转变成出色的方案"这个问题吧。

这个问题，是为了让大家切实感受到将糟糕方案变成出色的方案，会产生怎样独特的创意。但是，所谓不切实际的方案，正因为不可能所以很难进入到意识里。**首先把不切实际的方案好好地用语言表达出来**，之后再慢慢品味**把它变成出色方案**的这个过程。

二、把最差的方案变成最好的方案

问题

思考一个你认为最差的商业计划,请在不改变本质的情况下,把它变成"出色的商业计划"。

想不出来的话,请从以下两点进行思考。

A."碳酸饮料必须被摇晃着甩出来的自动售货机"

B."婴儿信用卡"

＊注意 这个问题也没有正确答案。

提示

如果实行了这个商业计划会发生什么事呢?

"这个商业计划并不差"的依据是什么？请试着思考一下。

1."最差的商业计划"教给我们的事情

在解答前面这个问题的时候，我认为可以试着问下面这样的问题。

① 假设最差的计划实现了的话，会发生什么？
② 最差的计划中哪个部分"最差"？
③ 想要说服某人最差的计划并不差，你能想到什么依据呢？

①是为了强行排除"那样差劲的事情，是不可能实现的"的想法，②是为了讨论可否改善"最差的部分"，而③是为了进一步实现想法而提出的问题。

无论是商务还是私人场合，陷入困境的时候，请试着把它当成"最差的商业计划"，试着向自己提这3个问题，也许可以看得到突破口。

那么关于这3个问题，我将以"碳酸饮料必须被摇晃着甩出来的自动售货机"为例来进行说明。

① 假设"最差的计划"实现了的话会发生什么?

"碳酸饮料必须被摇晃着甩出来的自动售货机"如果成为现实,请尽可能地写出你能想到的事情。

(例)

碳酸饮料必须被摇晃着甩出来的自动售货机如果成为现实,会发生的事情:

· 马上打开的话,碳酸饮料飞溅得到处都是,会弄脏脸和衣服等。

· 马上打开的话,碳酸饮料飞溅得到处都是,饮用量就会减少。

· 不想减少饮用量也不想把衣服等弄脏的人,就得等一会儿再喝。

· 只有好恶作剧的人才会买,等等。

思考的过程中也可能会产生疑问。如果有疑问,也请写出来。

(例)

关于碳酸饮料必须被摇晃着甩出来的自动售货机的疑问点:

·就算饮用量减少了,衣服等弄脏了也要买,会有这样的人吗?等等。

接下来,请试着思考第 2 个问题。

② 最差的商业计划中哪个部分"最差"?
这个也可以写出列表。

(例)
"碳酸饮料必须被摇晃着甩出来的自动售货机"的哪个部分"最差"呢:
·会弄脏脸和衣服等。
·饮用量会减少。
·不等一会儿的话就不能好好地喝,等等。

接下来,请试着思考列表中最差的要素是否可以得到改善。只要碳酸饮料只能被摇晃着甩出来的话,弄脏衣服、饮用量会减少、不等一会儿就不能好好地喝上一口都是没办法的事。

想要改善这些,那么碳酸饮料一开始就不能被摇晃。但这样

批判性思维

一来就会破坏这个计划的根基。有没有碳酸饮料被摇晃着甩出来，但即使衣服脏了、饮用量减少了也不会让人产生抱怨的方法呢？例如，让购买者穿上雨衣、穿上即使脏了也没关系的衣服、针对饮用量减少的部分降低价格，等等。

在这样思考的过程中，你是否会觉得，即使执行了这个最差的计划也没关系呢？那么，为了能够将它切实地执行，我们来进行最后一个问题。

③ 想要说服某人最差的商业计划并不差，你能想到什么根据呢？

如果想要说服某人"××绝对不差"，那么思考上面这样的问题，对转换他人的想法有很大的帮助。硬要找到它"绝对不差"的理由，也就是说将其正当化的话，我们就要发掘出说服力惊人的依据。

那么，关于这里的自动售货机，我们也试着问一下这个问题。

（例）

想要说服某人"碳酸饮料必须被摇晃着甩出来的自动售货机"并不差的话，你能想到什么依据呢？

- 饮用量减少的那部分，价格可以设定得低一些。
- 将获得平时无法得到的体验。
- "碳酸饮料被摇晃着甩出来了"会成为热点话题。
- 可以开心地比拼碳酸饮料喷出时的效果，等等。

到这里为止，把"穿上即使脏了也没关系的衣服""成为热点话题""比拼反应"等要素结合起来可以得到以下的参考答案。这是一位大学生想出来的，我认为是非常好的答案。

参考答案

最差的商业计划：

"碳酸饮料必须被摇晃着甩出来的自动售货机"

出色的商业计划：

地点限定夏日的海边和泳池，商品限定知名度比较低的饮料品牌。把价格设定成比原来稍低的价格，自动售货机内装上照相机装置。购买碳酸饮料的人当场打开瓶盖，照相机就会拍摄到被飞溅出的泡沫吓了一跳的样子。购买者按下"OK"键的话，照片就会被上传到网上，自动报名参加"趣味反应大赛"。当选第1名的人，奖品就是一年份的这个饮料。其结果是提高了这个品牌的知名度。

最差的商业计划：

"婴儿信用卡"

出色的商业计划：

作为出生的纪念，以婴儿名义制作的带有信用卡功能的卡片，在参拜神社、七五三①时，以及入学及毕业等结点会有礼金汇入。在成年之前，信用卡支付是由监护人进行的，成年后可作为普通的信用卡来使用。

2. 意识到"自以为明白了，其实并未明白"

接下来进入下一个话题。

下一个问题，我们要来怀疑自己主观的想法——"自以为明白了"的状态。对事物进行思考的时候，原本就需要对事物有充分的理解才能做到。然而遗憾的是，很少有人能"充分地理解"，大部分人都是明明没有理解却自认为已经明白了。

摆脱"自以为明白了"的固执是训练思考力的基本，"自以为明白了"中是不会产生突破的。

---

① 七五三是日本的儿童节，每年的11月15日这一天，5岁的男孩以及3岁和7岁的女孩都会穿上传统和服，跟父母到神社参拜，祈愿身体健康，顺利成长。——译者注

第6章 怀疑常识，避免"自以为是"——保持灵活性

在进入这个问题之前，请先阅读下面这个故事。狼与羊的故事是木村裕一的作品《暴风雨之夜》（阿部弘士绘，讲谈社出版）中的一部分，本书对其进行了简述，关键处保留了原文。

在暴风雨之夜相识并成为朋友的咔嘣（狼）和咩（羊），因为狼和羊之间是吃与被吃的关系，所以各自对同伴隐瞒了成为朋友的事情。这里请大家阅读的，是咔嘣和咩相识后第2次外出时的故事。因为这个故事是动画和舞台剧作品的名作，也许有的人已经非常了解了。请大家抛开先入为主的观点来阅读。

摘自《暴风雨之夜》第3章"云隙中"

从云隙中，终于透出了午后的阳光。白杨树林荫道上落下整齐的影子，路旁浮现出鲜艳的绿色。

在那样的某一天的下午，在约定的地点见到咔嘣的咩对它说，出门的时候儿时的玩伴塔普（羊）对咩说要小心狼。

"呵呵，我实在是说不出口，现在就要去见狼。"

"嘿嘿，俺也一样。和羊做朋友，是绝对不能告诉同伴的。"

"这是只属于我们的秘密哦。"

咩压低了声音这样说道，咔嘣害羞地笑了。

"这样说的话，俺心里有点七上八下的。那个，俺想去尿尿，

稍等一下。"

咔嘣走进了树林里，这时塔普走了过来。塔普对咩说这附近有狼出没，所以躲到树丛里吧。咩对塔普说"知道了"。同时，咔嘣从树林里回来了，和咩又愉快地聊了一会儿，这时塔普又回来了。为了不让咔嘣和塔普相遇，咩约咔嘣出来时用了巧妙的方法，塔普只看到了咩，并嘱咐咩躲藏在金桂树下的树丛里。

"金桂树有特别强烈的味道，可以掩盖羊身上的气味。"

塔普说完就走了，过了一会儿又回来了。咩慌忙地把咔嘣拉进了金桂树下的树丛里，咔嘣"用厚朴的大叶子盖住了脑袋，背对着咩"坐下，躲了起来。这时，由于厚厚的云层，周围突然变暗了，塔普把咔嘣当成了羊。然后，塔普对咩和咔嘣说"总感觉从刚才开始就闻到了狼的气味"，并拜托咩去看看情况。

咩没办法只好去看看情况，不知道对方竟是狼的塔普，不停地对咔嘣说着狼的坏话。最初一直在忍耐的咔嘣渐渐无法忍受，正准备袭击塔普的时候……咩猛然地扑到了塔普的身上。咔嘣哭着跑了出去，塔普也吓了一跳逃跑了。

咩在确认了塔普跑远了之后跑到咔嘣面前，对它说："终于只剩我们俩了。"但咔嘣却消沉地说："无论怎么巧妙地见面，也只能是这样无可奈何啊。""所以说我们是秘密的朋友啊。"咩说道。

第6章 怀疑常识，避免"自以为是"——保持灵活性

咔嘣问道："咱们还能见面吗？"

"当然了。"

"尽管俺是狼？"

"一样的，尽管是像我这样的羊？"

"当然了。因为我们是'秘密的朋友'。"

回家的路上，咔嘣不停地回头看向咩，咩也不停地挥手送别。站在远处看着这一切的塔普，误以为咩在挥舞着拳头，而咔嘣在懊恼地回头看。塔普嘟囔着："咩真是个厉害的家伙啊。"

故事到这里结束了。怎么样呢？因为是儿童书，我想应该没有不明白的地方吧。像西林克彦先生在《自以为明白了：无法掌握阅读理解能力的真正原因》（光文社）中指出的那样，其实这样觉得已经明白了的状态非常麻烦。至于为什么麻烦我们稍后再说。这里先提出和刚才读过的故事相关的问题。

问题

1. 请回答咔嘣和咩各自的性别。

2. 这个故事发生在什么季节呢？

＊注意

- 这个问题也没有正确答案。
- 回答的时候,请明确依据。

三、简单的儿童故事,你真的读明白了吗?

前面的故事理应没有不明白的地方,但是很少有人能用明确的依据回答出动物们的性别和季节吧。

在这里,"没有不明白的地方"里有一个陷阱。确实,虽然我们能理解词语的含义,也没有格格不入的地方,但是**不能领会字里行间的意思**。

这里所说的"领会字里行间的意思"指的并不是"察言观色",而是指要抛开自己的主观臆断,充分理解词与词之间的联系、句与句之间的联系、写在那里的内容和写在这里的内容之间的关系。

大家平时自认为明白的事,又有多少是真正"明白"呢?在工作或者个人生活中被问到已经听腻了的问题时,你是不是觉得自己已经明白了,并乐在其中地说"所以说××不行""是××不好"。平时你又会自问自答多少次"为什么能这么说呢""这不过是基于经验的主观臆断罢了"。

如果一直只是感觉明白了的状态,那么就无法真正解决问题。虽然我们充分理解这一点,但当我们觉得"明白了"的时候,也很少有人会认为自己只是"感觉明白了"。这样的话,就有必要严厉地问自己"是否只是看似明白了呢"?

我们需要切实感受"感觉明白了"是怎样的状态,怎样做才能达到真正"明白了"。前面问的问题就是要磨炼这个关键点。

通过询问答案的根据,把细节串联起来。为了进一步加深理解的这个过程,我将在前面两个问题的解说中进行讲解。

1. 咔嘣是雄性,咩是雌性,这样就足够了吗?

首先是第 1 个问题"请回答咔嘣和咩各自的性别"。这个问题虽然在大学课堂里也做过很多次练习,但到现在咔嘣和咩的性别仍未得到解决。

多数人说"咔嘣是雄性,咩是雌性"。说咔嘣是雄性的依据是,"俺""是"(方言)这样的措辞和"尿尿"这样的说法。另外,也有人指出,雄性会对"秘密"这个词感到心跳加速,无法

第6章 怀疑常识，避免"自以为是"——保持灵活性

抑制冲动。

另一方面，咩是雌性的依据是，称呼自己为"我"、礼貌的措辞、可靠的特征、塔普非常担心咩的安全等。

乍一看，哪一个都是合理的说法。以咔嘣是雄性，咩是雌性来解读的话，好像可以说通。但是，这样真的可以吗？也有女性称自己为"俺"，"是"（方言）也不是只有男性才会说。同样，也有男性在日常生活中会使用"我"之类的礼貌用语，也有听到"秘密"时无法抑制冲动的女性。

也就是说，刚才列举的"雄性/雌性的依据"并没有那么大的说服力。试着像第1章里说过的，"按照说服力的强弱顺序排列依据"来进行操作，我想大家就会明白了。

事实上，也有人引用塔普误以为咩打败了咔嘣这一点作为反例，说"如果咩是女性的话，塔普就不会说'咩真是个厉害的家伙啊'"。

另一方面，也有咔嘣和咩是同性的说法。依据是，即使咔嘣是雄性，一般来说也不会对异性说"尿尿"吧。咔嘣和咩之间好像也可以看出恋爱般的情感；但在"咔嘣是雄性"的前提下，主观认为"恋爱对象应该是异性"吧。

如此推敲，可能会被责备无论多久都不会得出结论。但是重

要的是，草率地凭借"俺"和"我"这样容易获得的依据，或者仅以"因为通常是这样"为理由来急于得出结论是很危险的。

从逻辑上来说，"A 是 B"，就意味着"不能说 A 不是 B"。但是，关于咔嘣和咩的性别，因为不能断言"不能说不是雄性（雌性）"，所以也不能明确地说"是雄性（雌性）"。

这意味着什么呢？我们对明明不能断言的事，却感觉自己已经明白了。比如认定"是雌性"的话，那么无意识中认为不存在"可以说明不是雌性的信息"的可能性就会变高。**心理学等研究表明，人们往往会忽略与自己头脑中信息和知识不符的信息。**

把眼前的信息看作没有的事，就意味着歪曲事实。那样做的话，不要说解决问题了，还有可能在错误的地方施以错误的措施，造成意想不到的损失。

为了判断自己的理解是否正确，可以以"咩是雌性"为前提，把故事从头到尾精读一遍。这样的话，塔普让咩去看看情况，确认一下有没有狼的这一段也许就会觉得别扭。对塔普来说，咩是"应该被守护的存在"，如果咩是雌性的话，是不是就不应该让咩去看看有没有狼了呢？

当然了，也可以对这个解释进行反驳，但重要的是，通过以"咩是雌性"为前提再次阅读，就有机会思考"是不是不能断言咩是雌性",这样就能更接近真相。

大家在工作等方面,如果觉得"绝对是××""××不好"的话,请以"绝对是××""××不好"为前提,对各种事物进行再度分析。如果出现了前后矛盾,这就是接近真相的良机。

2. 是什么季节呢

接下来是第 2 个问题"是什么季节呢"。

通过故事里登场的"金桂"很多人会回答是"秋天",但是草率凭借容易获得的依据而急于得出结论是不好的。

刚才的性别问题从原则上来说,结论只有是雄性还是雌性,话题比较简单;但是这次不仅要判断春夏秋冬,还有可能进一步缩小到"初夏""9 月前半期"等。

那么怎样缩小范围呢,顺序如下:

① 把可能与季节有关的叙述都列举出来。
② ①中的叙述都告诉我们什么了?调动所有的知识,将它们联系在一起。

我认为这样的顺序比较容易实行(性别问题也同样,①列举与性别看起来相关的叙述 → ②思考那个叙述都告诉我们什么,并联系在一起。可以以这样的顺序进行解答)。

我来一一进行说明。

① 把可能与季节有关的描述都列举出来。

首先,把与季节看起来相关的叙述做成列表,比如关于自然的描写、太阳、天气等,请把有可能成为提示的地方都列举出来。

制作列表的时候,请按照原文来书写。要是把"鲜艳"变成了"漂亮"的话,就会混入个人的解释,很有可能会影响验证结果。

(例)

看起来与季节相关的叙述列表(按照原文来书写):

1. 从云隙中,终于透出了午后的阳光。
2. 白杨树林荫道上落下整齐的影子。
3. 路旁浮现出鲜艳的绿色。
4. 金桂树有特别强烈的味道,所以可以掩盖羊身上的气味。
5. 咔嘣用厚朴的大叶子盖住了脑袋,背对着咩坐下,躲了

第 6 章 怀疑常识，避免"自以为是"——保持灵活性

起来。

② ①中的叙述都告诉我们什么了？调动所有的知识，将它们联系在一起。

接下来，请思考①的列表中列举的叙述给我们提供了什么样的季节信息。可以调动植物、地形、生活等知识推断出季节，也请充分利用网络等信息来源。在此基础上，对照从各个叙述中得出的答案（季节），探讨是否存在矛盾。下面介绍的验证过程，是以一位大学生的回答为基础的。

在推断季节之前，有必要考虑这个故事发生的舞台原本是在什么地方。刚才的列表中有"白杨树林荫道""路旁的绿色""金桂""厚朴的叶子"，但如果不知道这些植物生长在什么地方，推断季节就会出现偏差。

首先，从街道边的白杨树林荫道这一点可以看出，树木是人们特意种植的，所以可以推断这个故事的地点应该不是野生森林。再加上金桂在寒冷的地方是难以生长的，另外在海拔非常高的地方很少能看到厚朴，从这几点来看，故事的舞台可以设定在"没有海拔过高或者特别寒冷的特殊情况，是人类可以居住的地方"。

接下来是季节的验证。列表中第 3 条是"路旁浮现出鲜艳的

绿色",从"没有特殊情况,是人类可以居住的地方"这个前提来看,可以推测"路旁的绿色"是普通的杂草。一般来说杂草从 9 月后半期开始失去活力,11 月份开始枯萎,所以可以推断这个故事发生在杂草还未失去它鲜艳的颜色之时,应该是春天至 9 月中旬左右吧。

那么,还有"金桂树有特别强烈的味道,所以可以掩盖羊身上的气味"(列表第 4 条)。关于气味,除此之外还有应该进行探讨的地方,那就是和咔嘣与咩一起进入金桂树下的树丛里的塔普说"有狼的气味"这一段。金桂强烈的香味可以作为芳香剂,但是在这里也没能掩盖住狼的气味。

也就是说,这个故事里的金桂,处于香味没有那么浓烈的时期——9 月初至 9 月中旬,或者是 11 月以后。

从刚才"路旁的绿色"将季节锁定在"春天至 9 月中旬",所以可以排除"11 月以后"这个选项;"9 月初至 9 月中旬"成为有力的候补。

但是,不能说有力的候补就是答案。所以,有必要在假设"季节是 9 月初至 9 月中旬"的基础上探讨列表里的其他项,检查有没有前后矛盾的地方。

那么关于第 5 条的厚朴呢?咔嘣"用厚朴的大叶子盖住了脑

袋",把身子都藏了起来,所以是相当大的叶子。厚朴的叶子在夏天的时候会长得很大,到 11 月份就会枯萎掉落,因此不违背"9 月初至 9 月中旬"这个假设。

顺便说一下,这次的故事是发生在咔嘣和咩在暴风雨之夜相遇后第 2 次见面时发生的事情。假设"暴风雨"是台风的话,"9 月初至 9 月中旬"的假设可以认为是合理的;另外,从太阳从云隙中进进出出这一点可以看出是"多变的天气",这与"9 月初至 9 月中旬"这一说法也没有矛盾。

这次姑且把季节锁定在"9 月初至 9 月中旬",但这毕竟是"假设""解释",不能说是绝对的。**我希望大家能够再次意识到,能称为"绝对"的只有事实。**

结束语

至此，我们通过各种各样的问题，对"思考"进行了探讨。作为一名常年教授英语的人，我还剩下最后一点想请大家务必对其进行思考，恳请大家再配合我一下。

问题

川端康成的《雪国》的开头部分，"穿过县界长长的隧道，便是雪国"的主语是谁／什么呢？

稍后我会告诉大家答案。首先，我想请大家看一下翻译了大量川端作品的爱德华·G.塞登斯特卡对此处的英文翻译。

结束语

The train came out of the long tunnel into the snow country.

（列车穿过了长长的隧道，到达了雪国。）

虽然会因美妙的翻译而深受感动，但是读过日英版本后也许有的人会觉得，这句话日语和英语中的"主语"不同。

英语版本中的主语是"列车"（The train）。列车穿过长长的隧道，其结果是，列车到达了雪国。条理非常清楚。说到日语的原文"穿过县界长长的隧道，便是雪国"，却没有相当于主语的部分。那么主语到底是什么呢？省略了什么呢？

日语会省略很多东西，主语就是其中的典型。不过也有研究者认为，日语不是"省略"主语，而是原本就没有主语的概念。

另外，英语中也存在"省略"。但是，要说英语的省略和日语的省略中决定性的区别是什么，英语的省略原则上是"某人已经说过/写过的内容，进行重复时可以省略"，日语的规则是"不管是否已经提及，根据上下文进行适当的省略"。

也就是说，即使英语中省略了什么，也能马上找到省略的内容。然而日语却不同。在日语中，省略的不一定是已经提及的内容，接收者是在一边想象和推测中一边进行"填空"的。

但是，只要不是特殊情况，我们就不会觉得日语这种填补工作"很难"。相反，我们很少会意识到"省略了什么""要填补什么"。因此，日语被称为接收者通过填补信息来建立交流的"接收者责任"的语言，而英语则被称为必须由发信者全部表达出来的"发信者责任"的语言。

而且，这里有一个以日语为母语的人的"思考"陷阱。母语是日语的人，读到"穿过县界长长的隧道，便是雪国"时，我想不会感叹"到底是谁，是什么穿过隧道！为什么如此含糊不清！"即使被省略了，即使含糊不清，一般也不会在意。但是，从另一方面来看，**这是没有意识到暧昧的情况下的思考。**

接下来终于到了解答部分。"穿过县界长长的隧道，便是雪国"，前半句和后半句的主语不同。前半句，穿过长长的隧道的是"列车"，或者说是乘坐那辆列车的主人公（叫"岛村"的男性），又或者说是"岛村乘坐的列车"，这样思考比较妥当。

但是，关于后半句的"便是雪国"，"列车"和"岛村"都不能称为主语。解释为"到达的地方是雪国"比较妥当，主语就是"到达的地方"（塞登斯特卡的译文中把主语统一为 The train，我认为其中一个原因是，如果特意把"到达的地方"翻译成英语的话会变得庸俗，统一成 The train 在意思上也没有问题）。

读过刚才关于主语的说明，我想很多人会觉得"被你这么一

结束语

说确实是这样,但我从来没有意识到这一点"。我想这和"被你这么一说确实是这样,但是到现在为止,我从来没有意识到思考时使用的语言是暧昧的"的心情是相通的。

暧昧的语言只会产生暧昧的思考,这一点在本书中已经多次提到过了,当你知道"暧昧"那就可以了。**问题在于,连是不是暧昧都没意识到。**

例如,脑海中浮现出"被认为是……"这样的表达。话说回来,是谁认为呢?既然说了"被认为",那是不是特意模糊主语呢?那个想要模糊的"谁"是谁呢?为什么想要模糊呢?还是说,总觉着很自然所以说"被认为"呢?为什么会觉得"很自然"呢?通过模糊主语得到了什么呢?

主语是谁呢?主体是什么呢?意识到这一点在全球化交流中很重要,对磨炼在未来社会中所需要的思考能力也是至关重要的。如果不清楚主体是谁的话,可以试着翻译成英语等充分使用主语的外语。语法错了也没关系。充分意识到"主语是谁/什么",一定会促进你的思考。

然后,请把自己从千篇一律的思考方式中解放出来。

经常有人说"日本落后了",如"某些国家在××方面的努力非常出色,而日本却落后了"。

确实从发展的角度来看是"落后了"，但是为什么在这样的语境下只有"日本落后了"这个表达格外引人注目呢？

我并不是想宣扬民族主义。让我感觉到别扭的是，除了"落后了"之外，几乎看不到其他的表达。为什么没有"不同"的看法呢？为什么不仅是从前进的角度开始，从出发点开始就很少有"已经到达了这里，但是还有应该要做的事"这样的想法呢？"落后了所以要加油"这样的想法非常不错，但我总觉得这里也隐藏着"只有一个答案"这种日本独特的正确主义。

在写本书的过程中，我得到了很多人的帮助。关于人工智能，我有幸得到了庆应私塾大学山口高平教授珍贵的讲解。

另外，我从所教授的大学生和小学生那里得到了很多意见。尤其是围绕《暴风雨之夜》的季节考证，从庆应私塾大学4年级的广濑礼旺同学的想法和分析中学到了很多。

各位朋友，各位同学，感谢大家陪我思考本书中出现的古怪问题。一同思考的时间，对我来说是不可替代的财富。

请允许我向阅读这本书的各位表示衷心的感谢，也请大家一定要与朋友一起（作为下酒菜）享受本书中的古怪问题。我在本书中也写到过，"没有意义"的想法中也许孕育着意想不到的未来。

如果本书能对新时代的"思考方式"起到一点帮助，我将不胜欣喜。

狩野未希